電子・デバイス部門
- 量子物理
- 固体電子物性
- 半導体工学
- 電子デバイス
- 集積回路
- 集積回路設計
- 光エレクトロニクス
- プラズマエレクトロニクス

通信・信号処理部門
- 情報理論
- 確率と確率過程
- ディジタル信号処理
- 無線通信工学
- 情報ネットワーク
- 暗号とセキュリティ

新インターユニバーシティシリーズのねらい

編集委員長 稲垣康善

　各大学の工学教育カリキュラムの改革に即した教科書として，企画，刊行されたインターユニバーシティシリーズ*は，多くの大学で採用の実績を積み重ねてきました．

　ここにお届けする新インターユニバーシティシリーズは，その実績の上に深い考察と討論を加え，新進気鋭の教育・研究者を執筆陣に配して，多様化したカリキュラムに対応した巻構成，新しい教育プログラムに適し学生が学びやすい内容構成の，新たな教科書シリーズとして企画したものです．

*インターユニバーシティシリーズは家田正之先生を編集委員長として，稲垣康善，臼井支朗，梅野正義，大熊繁，縄田正人各先生による編集幹事会で，企画・編集され，関係する多くの先生方に支えられて今日まで刊行し続けてきたものです．ここに謝意を表します．

新インターユニバーシティ編集委員会

編集委員長	稲垣 康善	（豊橋技術科学大学）
編集副委員長	大熊 繁	（名古屋大学）
編集委員	藤原 修	（名古屋工業大学）［共通基礎部門］
	山口 作太郎	（中部大学）［共通基礎部門］
	長尾 雅行	（豊橋技術科学大学）［電気エネルギー部門］
	依田 正之	（愛知工業大学）［電気エネルギー部門］
	河野 明廣	（名古屋大学）［電子・デバイス部門］
	石田 誠	（豊橋技術科学大学）［電子・デバイス部門］
	片山 正昭	（名古屋大学）［通信・信号処理部門］
	長谷川 純一	（中京大学）［通信・信号処理部門］
	岩田 彰	（名古屋工業大学）［計測・制御部門］
	辰野 恭市	（名城大学）［計測・制御部門］
	奥村 晴彦	（三重大学）［情報・メディア部門］

新インターユニバーシティ

電気回路 II

佐藤 義久 編著

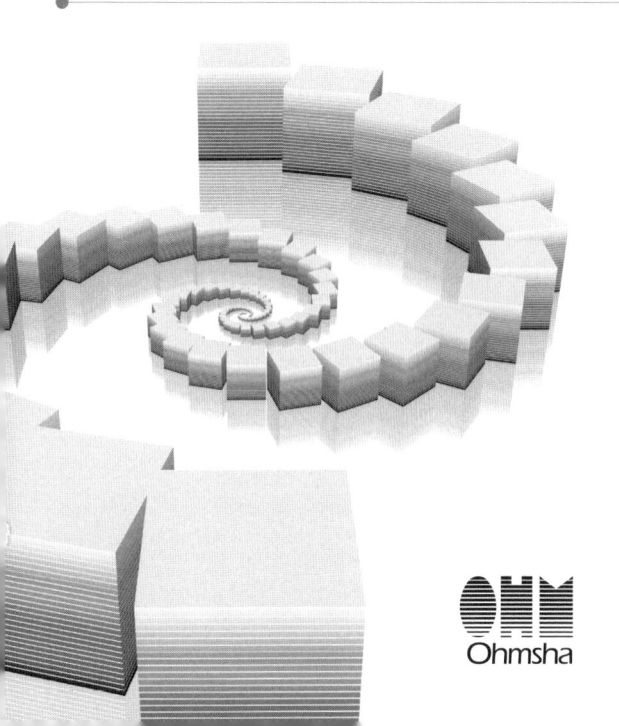

Ohmsha

「新インターユニバーシティ 電気回路Ⅱ」
編者・著者一覧

編著者	佐藤　義久	（福島大学）	［序章, 9, 10章］
執筆者 （執筆順）	村瀬　洋	（愛知工業大学）	［1～4章］
	石井　清	（中部大学）	［5～8章］
	内藤　治夫	（岐阜大学）	［11, 12章］

本書を発行するにあたって，内容に誤りのないようできる限りの注意を払いましたが，本書の内容を適用した結果生じたこと，また，適用できなかった結果について，著者，出版社とも一切の責任を負いませんのでご了承ください．

本書は，「著作権法」によって，著作権等の権利が保護されている著作物です．本書の複製権・翻訳権・上映権・譲渡権・公衆送信権（送信可能化権を含む）は著作権者が保有しています．本書の全部または一部につき，無断で転載，複写複製，電子的装置への入力等をされると，著作権等の権利侵害となる場合があります．また，代行業者等の第三者によるスキャンやデジタル化は，たとえ個人や家庭内での利用であっても著作権法上認められておりませんので，ご注意ください．

本書の無断複写は，著作権法上の制限事項を除き，禁じられています．本書の複写複製を希望される場合は，そのつど事前に下記へ連絡して許諾を得てください．

出版者著作権管理機構
（電話 03-5244-5088, FAX 03-5244-5089, e-mail: info@jcopy.or.jp）

JCOPY ＜出版者著作権管理機構 委託出版物＞

目 次

序章　電気回路Ⅱの学び方
1　本書の構成・学び方 …………………………………………… *1*
2　過渡現象とは ……………………………………………………… *1*
3　ラプラス変換とは ………………………………………………… *6*
4　回路網（四端子回路網）とは ………………………………… *8*
5　共振回路とフィルタ ……………………………………………… *8*

1章　電気回路の過渡現象と考え方
1　過渡現象とは …………………………………………………… *12*
2　RLC 素子の電圧と電流の関係を理解しよう ……………… *14*
3　初期状態と最終的な定常状態を把握しよう ……………… *18*
　まとめ ……………………………………………………………… *20*
　演習問題 …………………………………………………………… *20*

2章　RL回路/RC回路の過渡現象と解き方
1　RL 回路の過渡現象とその解き方について学ぼう ………… *22*
2　RC 回路の過渡現象とその解き方について学ぼう ………… *26*
3　交流回路の過渡現象とその解き方について学ぼう ……… *28*
　まとめ ……………………………………………………………… *31*
　演習問題 …………………………………………………………… *31*

3章　LC回路/RLC回路の過渡現象と解き方
1　LC 回路の過渡現象とその解き方について学ぼう ………… *33*
2　RLC 回路の過渡現象とその解き方について学ぼう ……… *35*
3　相互誘導回路の過渡現象の解き方を学ぼう ……………… *39*
　まとめ ……………………………………………………………… *42*
　演習問題 …………………………………………………………… *42*

4章　過渡現象の応用
1　微分回路と積分回路に応用してみよう ……………………… *44*

目次

 2 電気エネルギーの蓄積に応用してみよう ……………………………… *47*
 3 伝送線路の解析に応用してみよう ……………………………………… *50*
 まとめ …………………………………………………………………………… *53*
 演習問題 ………………………………………………………………………… *53*

5章 ラプラス変換とは

 1 ラプラス変換の定義を学ぼう …………………………………………… *55*
 2 ラプラス変換の基本定理について考えよう …………………………… *57*
 3 ラプラス逆変換について考えよう ……………………………………… *61*
 まとめ …………………………………………………………………………… *65*
 演習問題 ………………………………………………………………………… *65*

6章 ラプラス変換による過渡現象の解き方

 1 ラプラス変換を用いて RC 回路を解いてみよう ……………………… *66*
 2 ラプラス変換を用いて RL 回路を解いてみよう ……………………… *69*
 3 ラプラス変換を用いて RLC 回路を解いてみよう …………………… *71*
 4 正弦波交流回路の過渡現象を学ぼう …………………………………… *73*
 まとめ …………………………………………………………………………… *75*
 演習問題 ………………………………………………………………………… *76*

7章 ラプラス領域の等価回路表現と使い方

 1 s 領域におけるコンデンサの等価回路について考えよう …………… *77*
 2 s 領域におけるインダクタの等価回路について考えよう …………… *78*
 3 s 領域における抵抗の等価回路について考えよう …………………… *79*
 4 ラプラス領域の等価回路の使い方について学ぼう …………………… *79*
 5 RLC 回路を等価回路によって解こう ………………………………… *83*
 まとめ …………………………………………………………………………… *84*
 演習問題 ………………………………………………………………………… *85*

8章 単位ステップ関数,単位インパルス関数の
    ラプラス変換とその応用

 1 単位インパルス関数のラプラス変換を考えよう ……………………… *86*
 2 伝達関数とは ……………………………………………………………… *87*
 3 周期関数のラプラス変換について考えてみよう ……………………… *90*

	まとめ ···	*93*
	演習問題 ··	*94*

9 章　回路網の性質と表現方法

1	回路網のブラックボックス表現について学ぼう ································	*95*
2	一端子対回路網（二端子回路）とは ··	*96*
3	一端子対回路から二端子対回路へ ···	*97*
4	なぜ二端子対回路（四端子回路）を学ぶのか ···································	*98*
5	インピーダンス行列（Z 行列）とは ···	*101*
6	二端子対回路の直列接続について学ぼう ···	*103*
7	アドミタンス行列（Y 行列）とは ···	*104*
	まとめ ···	*106*
	演習問題 ··	*106*

10 章　二端子対回路（四端子回路）

1	ハイブリッド行列（H 行列）とは ···	*107*
2	基本行列（F 行列）について具体的な例題で学ぼう ·························	*109*
3	二端子対回路の縦続接続（カスケード接続）について学ぼう ············	*114*
4	インピーダンス変換とは ··	*116*
	まとめ ···	*118*
	演習問題 ··	*118*

11 章　フィルタ回路

1	フィルタとは ··	*119*
2	低域通過フィルタ（low pass filter）について学ぼう ························	*120*
3	周波数応答とボード線図について学ぼう ···	*123*
4	高域通過フィルタ（high pass filter）について学ぼう ······················	*126*
5	RL フィルタ回路とは ··	*127*
	まとめ ···	*129*
	演習問題 ··	*130*

12 章　共振回路

1	共振現象とは ··	*131*
2	直列共振回路について学ぼう ···	*131*

3　帯域通過フィルタ（band pass filter）としての直列共振回路について学ぼう… *135*
  4　並列共振回路とは …………………………………………………… *137*
  まとめ……………………………………………………………………… *139*
  演習問題…………………………………………………………………… *140*

参考図書 …………………………………………………………………… *141*
演習問題解答 ……………………………………………………………… *142*
索　　引 …………………………………………………………………… *158*

序 章
電気回路Ⅱの学び方

　本書「新インターユニバーシティ　電気回路Ⅱ」では「新インターユニバーシティ　電気回路Ⅰ」で学んだ直流～交流（含む三相交流，ひずみ波）を基礎として，さらに高度な**過渡現象**，**回路網**，**共振回路とフィルタ**などについて詳しく学ぶ．過渡現象に関しては，まず微分方程式を用いて現象を十分把握し，さらにステップ応答，パルス入力に対する挙動など実際の電気回路を解く上で必要不可欠な**ラプラス変換**を用いる解法についても学ぶ．電気回路網を解く古典的手法である四端子回路網や実際の電気回路で役にたつ共振回路とフィルタについても詳しく学ぶ．

1　本書の構成・学び方

　本書は序章および本文12章で構成され，その内容は4つに大別される．1～4章は**過渡現象**を微分方程式を用いて解く方法を解説し，5～8章はステップ入力，パルス入力に対する挙動など実際の電気回路を解く上で非常に便利な**ラプラス変換**を用いる手法について学ぶ．9～10章は複雑な回路網を解く古典的な手法である**四端子回路網**について例題を中心に解説した．11～12章は実際に電気回路を組み立てる上で極めて有用な**共振回路とフィルタ**について詳しく述べている．したがって，本書の1～12章まで，階段を一段ずつ着実に登るように1章ずつ丁寧に学んで行けば，電気回路の応用知識を無理なく理解できるであろう．

　以下に過渡現象，ラプラス変換，四端子回路網，共振回路とフィルタについて概説したので，本文を学ぶ前にこの序章を通読し，本書の全体概要を把握してから各章の各論に入れば，より理解が深まるであろう．

2　過渡現象とは

　1～4章では**過渡現象**（transient phenomena）について学ぶ．電源と抵抗，スイッチのみから構成される電気回路では電源が直流電源であればスイッチを入れた瞬間から抵抗両端の電圧，電流ともに一定の値（直流）となり，電源が交流

序章　電気回路Ⅱの学び方

電源であれば一定周波数の交流電圧，電流となる．一方，回路にキャパシタンス C（コンデンサ）やインダクタンス L（コイル）を含む場合は，スイッチをオン-オフすることにより，電圧，電流ともに時間的に変化し，スイッチのオン-オフ直後と十分時間が経過した後では回路各部の電圧や電流の挙動が大きく異なる．このようにスイッチのオン-オフ直前の定常状態（steady state）からスイッチのオン-オフ後の過渡状態（transient state）を経て，次の新しい定常状態に移行する過渡的な状態の中で発生する電気現象を過渡現象という．過渡現象では電気諸量（i, v）は時間的に変化する過渡解である（図1参照）．

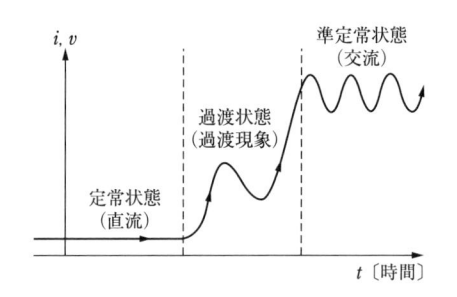

● 図1　定常状態〜過渡状態〜準定常状態の概念図 ●

〔1〕コンデンサ（キャパシタ）を含む電気回路の過渡現象について学ぼう

コンデンサ（キャパシタ，capacitor）の性質を底面積 S の円筒容器に水を流し込むアナロジーで考えてみよう（図2参照）．流量 q の水が容器に流入しているので容器に貯えられる全水量 Q は $Q = \int q dt$ となる．また全水量 Q は容器の底面積 S に水位 h をかけ合わせれば求まるので $Q = S \cdot h$ と表記できる．これをコ

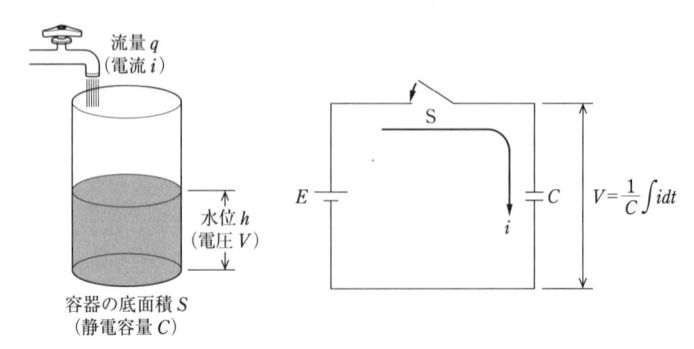

● 図2　コンデンサの性質（円筒に流入する水とのアナロジー）●

ンデンサ（キャパシタ）を含む電気回路に対比させると，コンデンサ（キャパシタ）に流れ込む電流 i を積分すればコンデンサ（キャパシタ）に蓄えられる電荷 Q となるので $Q = \int i dt$ となる．一方，コンデンサ（キャパシタ）の電荷は静電容量 C と電圧 V の積となり，$Q = CV$ とも表される．したがって，コンデンサ（キャパシタ）の電圧は $V = \dfrac{Q}{C} = \dfrac{1}{C}\int i dt$ となる．

図3 に示すコンデンサ C（キャパシタ）を含む回路において $t = 0$ でスイッチ S を閉じ，直流電圧 E を印加した場合，回路方程式は次式のとおりとなる．

$$Ri + \frac{1}{C}\int i dt = E \tag{1}$$

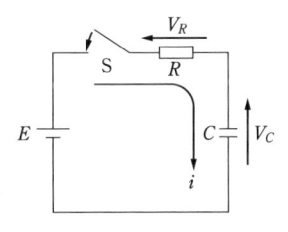

● 図3　CR 回路 ●

式 (1) を解くと

$$i = \frac{E}{R}e^{-\frac{t}{\tau}}, \ \tau = RC \tag{2}$$

したがって

$$V_R = Ri = Ee^{-\frac{t}{\tau}}, \ \therefore V_C = E\left(1 - e^{-\frac{t}{\tau}}\right) \tag{3}$$

以上，式 (2)，式 (3) の過渡解を図示すると**図4**のとおりとなる．

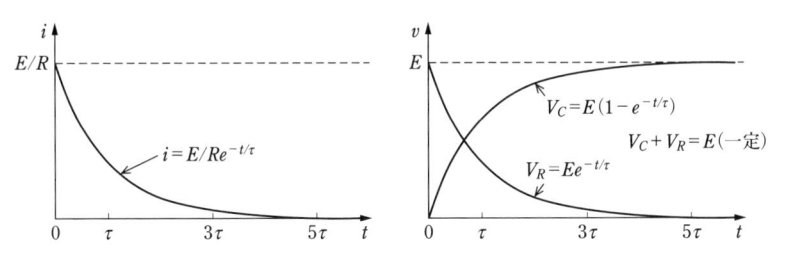

● 図4　CR 回路の電流・電圧の時間的変化 ●

〔2〕インダクタ（コイル）を含む電気回路の過渡現象について学ぼう

インダクタ（inductor）（コイル）に電流が流れると磁界が発生する．図5にインダクタ（コイル）の性質を示す．磁界の様子を表わすのが磁力線であり，それが束になったものが磁束である．インダクタ（コイル）には電流 i に比例した磁束 φ が図のように発生し，磁束 φ と電流 i の比例定数をインダクタ（コイル）のインダクタンス L と呼び，$\varphi = Li$ の関係式が成り立つ．ある電流 i が流れ，磁束 φ が発生している状態でさらに電流を流そうとすると，インダクタ（コイル）には磁束の変化を妨げる方向，すなわち電流を流すまいとする電圧が発生する．これを自己誘導起電力と呼び，$V = -\dfrac{d\varphi}{dt}$ と表わされる．前述のように，$\varphi = Li$ であるから，次式が導出される．

$$V = -L\frac{di}{dt} \tag{4}$$

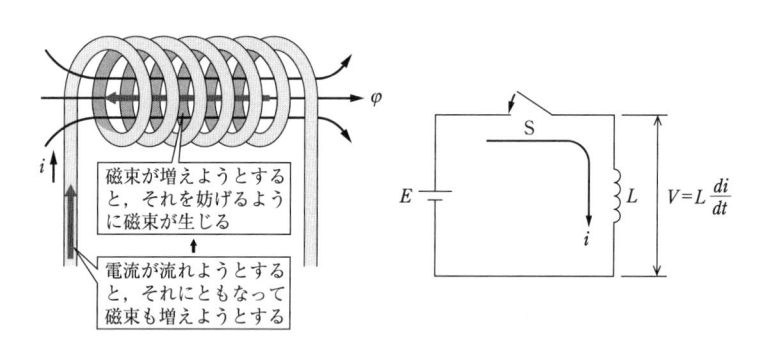

● 図5　インダクタ（コイル）の性質 ●

逆にインダクタ（コイル）電流を減らそうとすると，インダクタ（コイル）には電流の減少をくい止めようとする向き（電流を流す向き）の電圧が発生する．インダクタ（コイル）のこの不思議な性質は空間に広がる磁束の変化は瞬時には変化できず，変化にはある時間を要するという自然界の慣性の法則に起因する．図6に示すインダクタンス L（コイル）を含む回路において，$t = 0$ でスイッチ S を閉じた場合の回路方程式は式(5)のとおりとなり

$$L\frac{di}{dt} + Ri = E \tag{5}$$

その解は式(6)のとおりとなる．

$$i = \frac{E}{R}\left(1 - e^{-\frac{t}{\tau}}\right), \quad V_L = L\frac{di}{dt} = Ee^{-\frac{t}{\tau}}, \quad V_R = Ri = E\left(1 - e^{-\frac{t}{\tau}}\right), \quad \tau = L/R \quad (6)$$

これらの過渡解を図示すると**図7**のとおりとなる．

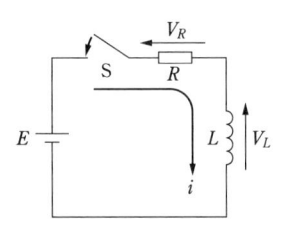

● **図6　*LR*回路** ●

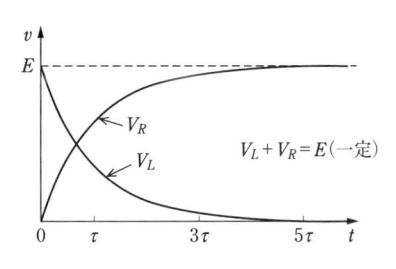

● **図7　v_Lとv_Rの時間変化** ●

LC のみから構成される LC 共振回路の過渡現象解は周波数 $f = \omega/2\pi$，$\omega = 1/\sqrt{LC}$ の単振動となり，減衰せずに振動し続ける．一方，より実際の回路に近い RLC 直列回路の特性は RLC の大きさの違い $\left(\frac{1}{LC} \gtreqless \frac{R}{2L}\right)$ により，制動解，過制動解，臨界制動解，減衰振動解となるが，その詳細については3章で詳しく述べる．

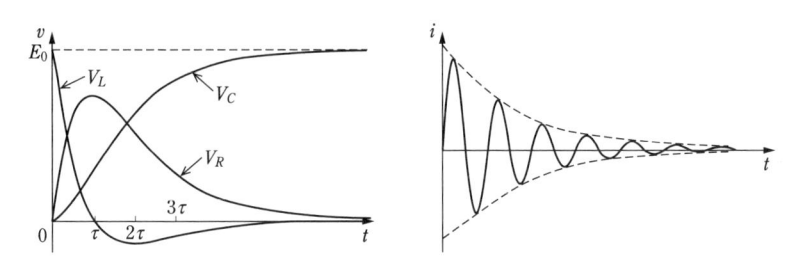

● **図8　*RLC*回路の過渡解（制動解，減衰振動解）** ●

3 ラプラス変換とは

5〜8章では電気回路の過渡現象を解析する有効な手段であるラプラス変換について学ぶ．まず，5章ではラプラス変換およびラプラス逆変換の定義，基本関数のラプラス変換および回路解析の基本となる諸定理について学び，ラプラス変換を用いた電気回路の過渡現象の解析方法は6章以降で詳しく学ぶ．本書ではラプラス変換の数学的に厳密な説明は省略し，電気回路の過渡現象を解析するための数学的な道具としてのラプラス変換を取り扱う．

〔1〕 **ラプラス変換の定義について学ぼう**

複素変数 s（時間 t に無関係）を導入し

$$\mathscr{L}[f(t)] = \int_0^\infty f(t)e^{-st}dt = F(s) \tag{7}$$

により，時間領域の t 関数 $f(t)$ をラプラス領域の s 関数 $F(s)$ に変換することをラプラス変換（Laplace transform）と言う．また，ある s 関数 $F(s)$ から，この関数に対応する t 関数 $f(t)$ を求めることをラプラス逆変換と言い，数学的には次式で定義される．

$$\mathscr{L}^{-1}[F(s)] = \frac{1}{2\pi j}\int_{\sigma-j\infty}^{\sigma+j\infty} F(s)e^{st}ds = f(t) \tag{8}$$

ラプラス変換によって電気回路の過渡現象を解析する手順は以下のとおりである．

(1) 電気回路の回路方程式を立てる．
(2) 回路方程式をラプラス変換し，回路方程式を代数方程式に変換する．
(3) 代数計算を行い，求めたい t 関数に対応する s 関数を求める．
(4) その s 関数をラプラス逆変換することによって，t 関数の解を求める．

いずれの方法でも，t 関数 $f(t)$ と s 関数 $F(s)$ は1対1に対応するので，ラプラス逆変換は式(8)の定義に基づいた計算をその都度行う必要はなく，**表1**に示すラプラス変換表を用いて求めることができる．表1によく使われる代表的な関数の t 関数 $f(t)$ と s 関数 $F(s)$ の関係を示す（この表は5章でも登場する）．

〔2〕 **ラプラス変換を用いた過渡現象の解析方法について学ぼう**

ラプラス変換を活用した電気回路の過渡現象の解析方法を例題で示そう．図3

● 表1　ラプラス変換表 ●

$f(t)$	$F(s)$
$\delta(t)$	1
$u(t)$	$\dfrac{1}{s}$
t	$\dfrac{1}{s^2}$
$e^{\mp at}$	$\dfrac{1}{s \pm a}$
$\sin \omega t$	$\dfrac{\omega}{s^2+\omega^2}$
$\cos \omega t$	$\dfrac{s}{s^2+\omega^2}$
$te^{\mp at}$	$\dfrac{1}{(s \pm a)^2}$

に示すコンデンサ C（キャパシタ）を含む回路において $t=0$ でスイッチ S を閉じ，直流電圧 E を印加した場合，回路方程式は式 (9) のとおりとなる．

$$E \cdot u(t) = Ri + \frac{1}{C}\int i(t)dt \tag{9}$$

ここで，単位ステップ関数 $u(t)$ は $t=0$ 〔s〕で電圧 E を印加することを表している．$\mathscr{L}[i(t)] = I(s)$ と表し，式 (9) に対してラプラス変換を行うと，スイッチ S を閉じる直前にコンデンサ C（キャパシタ）には電荷は蓄積されていないので

$$\frac{E}{s} = RI(s) + \frac{I(s)}{sC} = \left(R + \frac{1}{sC}\right)I(s) \tag{10}$$

となる．これより

$$I(s) = \frac{E}{s} \cdot \frac{1}{R + \dfrac{1}{sC}} = \frac{E}{R} \cdot \frac{1}{s + \dfrac{1}{RC}} \tag{11}$$

となる．式 (11) を表1のラプラス変換表を用いてラプラス逆変換すると

$$i(t) = \frac{E}{R} e^{-\frac{1}{RC}t} \tag{12}$$

が得られる．式 (12) は2章で微分方程式を用いて解く RC 直列回路の過渡解と

一致している．以上のように，ラプラス変換を用いた過渡現象の解法では回路方程式をラプラス変換することによって代数方程式に変換し，代数計算した後に表1に示すラプラス変換表を用いてラプラス逆変換を行えば，容易に電気回路の過渡現象を解析することができる．ラプラス変換を用いる解法は，一見遠回りで煩雑そうに見えるが，代数計算で解が求まるので，複雑な電気回路の過渡現象の解析にはラプラス変換を用いると非常に便利な場合が多い．

4 回路網（四端子回路網）とは

9〜10章では複雑な回路網の特性を定性的に把握するため古くから考えられてきた回路網解析手法について学ぶ．複雑な回路網を単なるブラックボックスと考え，ブラックボックスへの入出力端子が1対（2本，2端子）の場合を**一端子対網**（二端子回路網，二端子回路）と呼び，ブラックボックスへの入出力端子が2対（4本，4端子）の場合を**二端子対網**（**四端子回路網**，**四端子回路**）と呼ぶ．9章では複雑な回路網もブラックボックスへの入出力関係のみから容易に特性を把握することができることを学び，次に10章では四端子回路の解析手法について具体的な例題を中心に学ぶ．四端子回路にはZ行列（電圧と電流の関係），Y行列（電流と電圧の関係），トランジスタなどの能動素子の解析に使われるH行列（電圧と電流をミックスした関係），電力系統の解析に用いられるF行列（入力と出力の関係）の4種類がある．典型的な回路網について電力系統の解析に用いられるF行列（Fパラメータ）を求め，一覧表にすると**表2**のとおりとなる（この表は10章でも登場する）．

5 共振回路とフィルタ

11〜12章では共振回路（resonance circuit）とフィルタ（filter）について学ぶ．電気電子機器では特定の周波数の電力や信号のみを通過させたり，取り除くことが必要な場合が多い．また放送局から放射されるラジオや，テレビの電波から特定の周波数の電波のみを検出する必要がある．これらに用いられる共振回路とフィルタについて学ぶ．

〔1〕 **低域通過フィルタ（low pass filter）とは**

フィルタとは入力波形に含まれる不必要な周波数成分を除去し，必要な周波数成分のみ通過させる機能を有する回路のことである．フィルタ回路には多種多様

● 表2　F行列の各パラメータ ●

回路名	回路図	a_{11}	a_{12}	a_{21}	a_{22}
一型		1	Z	0	1
｜型		1	0	$\dfrac{1}{Z}$	1
逆L型		$1+\dfrac{Z_1}{Z_2}$	Z_1	$\dfrac{1}{Z_2}$	1
Γ型		1	Z_2	$\dfrac{1}{Z_1}$	$1+\dfrac{Z_2}{Z_1}$
T型		$1+\dfrac{Z_1}{Z_2}$	$\dfrac{Z_1 Z_2 + Z_2 Z_3 + Z_3 Z_1}{Z_2}$	$\dfrac{1}{Z_1}$	$1+\dfrac{Z_3}{Z_2}$
π型		$1+\dfrac{Z_3}{Z_2}$	Z_2	$\dfrac{Z_1+Z_2+Z_3}{Z_1 Z_3}$	$1+\dfrac{Z_2}{Z_1}$

な回路があるが本書では最も基本的な回路，すなわち抵抗とコンデンサ（キャパシタ）のみで構成されるフィルタ回路を取り扱う．**図9**の破線で囲ったRC直列部分に注目する．この部分が**低域通過フィルタ**（low pass filter）である．電源電圧V_inをこのフィルタの入力，Cの両端の電圧V_outを出力と考える．図9の左側の2つの白丸が入力端子，右側の2つの白丸が出力端子であるから，フィルタ回路は4端子回路である．V_inとV_outの関係は式（13）のとおりとなる．

$$V_\text{out} = \frac{1/j\omega C}{R + 1/j\omega C} V_\text{in} = \frac{1}{1+j\omega RC} V_\text{in} \tag{13}$$

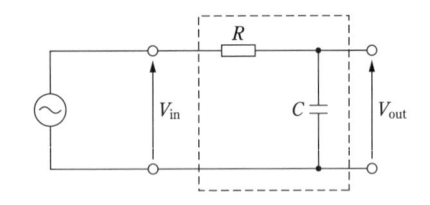

● 図9　低域通過フィルタ（low pass filter）●

　式（13）から，入力 V_{in} の大きさと位相が，このフィルタを通過することにより，大きさ（絶対値）と位相がどのように変化した V_{out} として現れるかを考察する．

　式（13）から明らかなように，周波数が低いほど（$\omega \to 0$），式（13）の右辺分母の（ωRC）の項が小さくなり，V_{out} は V_{in} に近づく．つまり，周波数の低い正弦波信号は，ほぼそのまま出力として現れる．逆に周波数が高くなると，V_{out} の絶対値は 0 に近づき，位相角は $-90°$ に近づく．つまり，周波数の高い正弦波信号ほど大きさが小さくなり（これを減衰という），位相は $90°$ 遅れる．このように入力信号のうち低い周波数成分をよく通し，高い周波数成分を通さないという特性をもつ回路を**低域通過フィルタ**（low pass filter）という．

〔2〕　高域通過フィルタ（**high pass filter**）とは

　図10 の破線で囲った CR 直列部分に注目する．この部分が**高域通過フィルタ**（high pass filter）である．

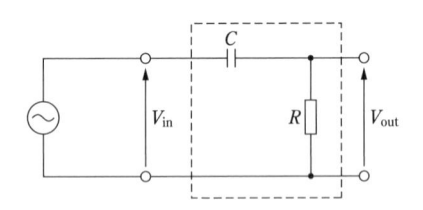

● 図10　高域通過フィルタ（**high pass filter**）としての RC 回路 ●

　図10 に示すコンデンサ C（キャパシタ）と R を直列接続した回路において入力を V_{in}，出力を V_{out} とすると，V_{in} と V_{out} の関係（伝送特性 V_{out}/V_{in}）は式（14）のとおりとなる．

$$\frac{V_\mathrm{out}}{V_\mathrm{in}} = \frac{R}{R+\dfrac{1}{j\omega C}} = \frac{R}{\sqrt{R^2+\left(\dfrac{1}{j\omega C}\right)^2}}e^{j\varphi}, \quad \varphi = \tan^{-1}(\omega RC) \tag{14}$$

この周波数特性は，前述の低域通過フィルタ（low pass filter）とは逆に V_out は ω の増大とともに 0 から単調に増加し V に近づき，位相は $\varphi > 0$（V_in に対し進み位相）で周波数の増大とともに 90°から単調に減少し 0 に近づくように変化する．この振幅特性は入力信号の高い周波数成分を通し，低い周波数成分を通さない特性となっているので，このような回路を**高域通過フィルタ**（high pass filter）という．

〔3〕 共振回路

前述の低域通過フィルタ（low pass filetr）および高域通過フィルタ（high pass filter）はある周波数を境として，通過と遮断の機能がある．しかし，ある周波数を中心とした狭い範囲の周波数成分だけを選択的に通過ないし遮断する機能はない．この機能を果たすには，通過させ始める周波数と遮断し始める周波数の二つの周波数を指定できる自由度が二つ必要である．**共振現象**を利用すれば，このような機能を有するフィルタを実現できる．共振現象の典型的実用例はラジオの受信回路である．例えば NHK 第一放送を受信するには，729 kHz の周波数の成分だけを通過させ，ラジオの中に取り込めばよい．12 章では抵抗 R，インダクタンス L（コイル）およびコンデンサ C（キャパシタ）から構成される共振回路とその応用である**帯域通過フィルタ**（band pass filter）について詳しく学ぶ．

以上述べたとおり，本書は序章と本文 12 章で構成され，その内容は**過渡現象，ラプラス変換，回路網，共振回路**と**フィルタ**の 4 つに大別され，一冊で電気回路の応用が全て理解出来るよう配慮されている．したがって，「新インターユニバーシティ 電気回路Ⅰ」をベースに，階段を一段ずつ登るように本書の 1 章から順次学んで行けば，必ずや電気回路の理解に必要にして十分な知識が確実に身に付くであろう．

学生諸君が本書で電気回路の基礎知識を確実に身に着け，今後，電気関係の専門を学ぶ上で本書がその入門書となれば執筆者一同これ以上の喜びはない．

1章
電気回路の過渡現象と考え方

　本章では，電気回路の過渡現象とはどのような現象かを説明し，過渡現象の基本を定性的に述べる．また，抵抗，インダクタ（コイル），コンデンサ（キャパシタ）それぞれの回路素子の端子電圧と電流の関係について述べる．さらに，過渡現象を解析する上で重要となる，初期状態と最終的な定常状態について説明する．

1 過渡現象とは

〔1〕 日常生活の中の過渡現象

　国語辞典で「**過渡現象**」を調べると，「ある定常状態から他の定常状態へ移行する過程で起こる現象」との記述がある．この具体例は，日常生活の中で多くを見出すことができる．例えば自動車を走らせる場合．停止状態から定速走行状態までには，次のような操作が必要となる．スイッチを入れ，セルモータでエンジンを起動し，クラッチを投入してアクセルを踏み込む．これら一連の過程は，やっている本人にとっては重要な操作で，過渡期などと考えている余裕はないだろう．しかし，外から見ている者にとってはどうだろう．自動車が停止しているという定常状態から定速走行という定常状態に移行する過渡期と映るだろう．過渡現象と見ることができそうである．

　同様に，多くの家電製品についても思い当たる点がある．スイッチを入れてから定常的な動作状態に達するまでには時間がかかる家電製品が多い．たとえば，今ではなじみの薄いブラウン管方式のテレビ．スイッチを入れてから画像が出るまでに時間がかかり，苛々した経験はないだろうか．これは，電子を放出するヒータの加熱に時間がかかることによる．

〔2〕 電気回路の過渡現象

　まず図 1·1 (a) に示す回路を考えてみよう．直流電源にスイッチSを通して抵抗 R のみが負荷として接続されている．いま，スイッチを開いた状態から閉じた状態への移行を考える．スイッチを開いた状態では回路には電流は流れず，$i = 0$ の定常状態となっている．そこでスイッチを閉じると，その瞬間に $i = E/R$

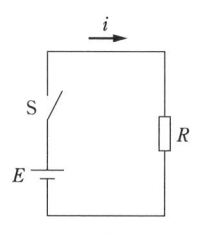

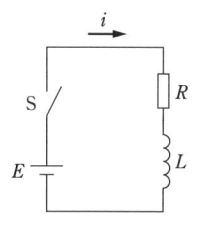

(a) 抵抗負荷のみの場合　　(b) インダクタを追加した場合

● 図 1・1　抵抗負荷のみの場合とインダクタを追加した場合の比較 ●

なる電流が流れ，他の定常状態になる．このように，負荷が抵抗のみの場合には，スイッチを閉じた瞬間に他の定常状態に移行する．

図 1・1 (b) に示すように，インダクタ L（コイル）を付加した場合はどうだろうか．抵抗のみの場合とは様相が異なるだろう．まず，スイッチ S を閉じた瞬間の電流は 0 となる（$i = 0$）．その後，電流は徐々に増大していく．十分長い時間の後には $i = E/R$ となり，他の定常状態になる（詳細な解析は次節以降に譲る）．このように，インダクタ（コイル）を追加すると，他の定常状態に移行するのに時間がかかるようになる．この過程の現象が過渡現象である．それでは，抵抗のみの回路と何が異なるのだろうか．答えは，インダクタ（コイル）がエネルギーを蓄える素子だから．すなわち，インダクタ L（コイル）は，電流 I が流れている状態では $(1/2)LI^2$ のエネルギーを蓄えている．このエネルギーの蓄積や放出は瞬時には起こりえない．したがって他の定常状態への移行には時間がかかることになる．これと同様な回路素子としてコンデンサ C（キャパシタ）がある．この素子も，その端子電圧を V としたとき，$(1/2)CV^2$ なるエネルギーを蓄える．したがって，コンデンサ（キャパシタ）についても同様な現象が現れる．

電気回路の過渡現象として，上述とは異なった現象が存在する．例えば送電線に落雷があった場合はどうだろう．通常の交流に加えて雷撃によるサージが送電線を伝播することになる．そして，この送電線に接続されているさまざまな電気機器の回路に侵入し，被害を及ぼすことがある．送電線のような伝送線路のサージ伝播現象や，電気回路に侵入する，交流とは異なるサージの回路現象も過渡現象として解析される．ここでは，このような現象はとりあげず，他の書籍に詳述を譲ることにする．

2 RLC素子の電圧と電流の関係を理解しよう

〔1〕 直感的理解

各素子の電圧と電流の関係を直感的に理解するために，図1・2，図1・3，図1・4の回路を考えてみよう．図1・3と図1・4の回路は，現実的にはありえないが思考実験としてとりあげたい．

図1・2(a)，(b) に示したのは，抵抗 R を負荷とする電圧源の回路（同図(a)）と電流源の回路（同図(b)）である．すでに述べたように，スイッチSを閉じた瞬間に定常状態に移行する．すなわち，同図(a) の回路では電流 $i = E/R$ が流れ，同図(b) の回路では $v = RI$ の端子電圧が発生する．

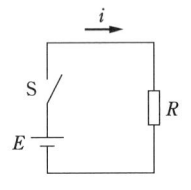

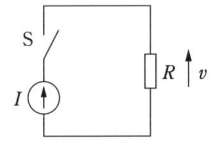

（a）電圧源と抵抗負荷　　　　（b）電流源と抵抗負荷

● 図1・2　電圧源もしくは電流源に抵抗を負荷として接続した場合 ●

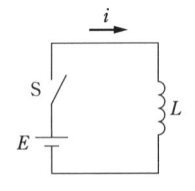

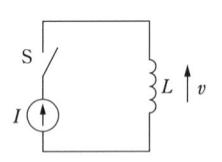

（a）電圧源とインダクタ負荷　　　（b）電流源とインダクタ負荷

● 図1・3　電圧源もしくは電流源にインダクタを負荷として接続した場合 ●

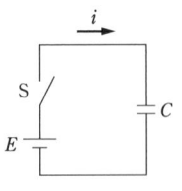

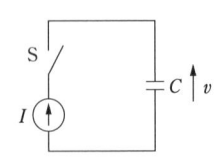

（a）電圧源とコンデンサ負荷　　　（b）電流源とコンデンサ負荷

● 図1・4　電圧源もしくは電流源にコンデンサを負荷として接続した場合 ●

図1·3 (a) に示したインダクタ L（コイル）を負荷とする回路ではどうだろう．この場合，話はそれほど単純ではない．まず同図 (a) の電圧源の回路だが，スイッチSを閉じた瞬間からインダクタ L（コイル）には一定の電圧 E が印加されることになる．すなわちインダクタ L（コイル）の端子電圧が常に一定値ということになる．電気磁気学が教えるところによると，鎖交磁束の変化（時間的変化）が電圧となる．従ってこの場合，鎖交磁束は一定の割合で増加し続けなければならない．ところで，鎖交磁束と電流は比例し，その比例定数が L であるので，結局電流 i が一定の割合で増加し続けなければならないことになる．すなわち，スイッチSを閉じた瞬間は $i=0$ で，その後一定の割合で増加し続けることになる．現実的にはこのようなことは起こりえない．いずれ電圧源の電流値が飽和するからである．

　図1·3 (b) に示した電流源の回路ではどうだろう．スイッチSを閉じた瞬間にこれまで流れていなかった電流を I にする必要がある．言い換えれば，鎖交磁束がない状態から瞬時に $\Phi=LI$ なる鎖交磁束を発生させる必要がある．このためには，無限大の電圧が必要になる．したがって，電流源は無限大の電圧を発生しなければならない．現実的にはこのような電流源は存在しない．有限の電圧しか発生できないので，インダクタ L（コイル）に流れる電流値が I となるまでには時間が必要となる．このように，インダクタ L（コイル）に流れる電流は不連続的に変化できないことがわかる．すなわち，インダクタ L（コイル）に流れる電流は常に連続的に変化する．一度鎖交磁束 $\Phi=LI$ が形成されれば，一定電流 I を流し続けることは容易となる．鎖交磁束は変化しないのでインダクタ L（コイル）の端子電圧は0となるからである．

　図1·4 (a) に示したコンデンサ C（キャパシタ）を負荷に持つ回路について考える．(a) の電圧源に接続した回路は，図1·3 (b) の回路に類似している．スイッチSを閉じた瞬間にこれまで0であった端子電圧を E にする必要がある．言い換えれば，電荷がない状態から瞬時に $Q=CE$ なる電荷を発生させる必要がある．このためには，無限大の電流が必要になる．したがって電圧源は無限大の電流を発生しなければならない．現実的にはこのような電圧源は存在しない．有限の電流しか発生できないので，コンデンサ C（キャパシタ）の端子電圧が E となるまでには時間が必要となる．このように，コンデンサ（キャパシタ）の端子電圧は不連続的に変化できないことがわかる．すなわち，コンデンサ（キャパ

シタ）の端子電圧は常に連続的に変化する．一度電荷 $Q = CE$ が形成されれば，一定電圧 E を保つことは容易となる．電荷は変化しないのでコンデンサ C（キャパシタ）に流れる電流は 0 となるからである．

　図 1・4 (b) に示した電流源にコンデンサ C（キャパシタ）を接続した回路は，図 1・3 (a) の回路に類似している．スイッチ S を閉じた瞬間からコンデンサ C（キャパシタ）には一定の電流 I が流れ込む．電流の積分が電荷となることを考えると，電荷は一定の割合で増加し続けなければならない．結局端子電圧 v が一定の割合で増加し続けなければならないことになる．すなわち，スイッチ S を閉じた瞬間は $v = 0$ で，その後一定の割合で増加し続けることになる．現実的にはこのようなことは起こりえない．いずれ電流源の電圧値が飽和するからである．

　以上，理想的な回路素子 R, L, C を負荷に接続した理想的な電圧源，電流源の元での電圧と電流の関係について考察した．まとめとして，次の 4 点についてよく理解してほしい．

(1) インダクタ（コイル）の端子電圧は電流の時間変化に比例する．時間変化がなければ，端子電圧は発生せず，いくらでも電流を流すことが出来る．このことから，「直流を流しやすく，交流を流しにくい」といえる．

(2) インダクタ（コイル）に流れる電流は不連続的に変化できない．常に連続的に変化する．

(3) コンデンサ（キャパシタ）の端子電圧は電流の総和（電流の積分値）に比例する．電流がなければ端子電圧は変化しない．逆に言えば，端子電圧が変化しなければ電流は流れない．このことから，「直流を流さず，交流を流しやすい」といえる．

(4) コンデンサ（キャパシタ）の端子電圧は不連続的に変化できない．常に連続的に変化する．

次に，(1) と (3) の項目について定式化を試みよう．

〔2〕 電圧と電流の関係の定式化

① 抵抗 R：誰もが知っているオームの法則である．

$$v = Ri \tag{1・1}$$

$$i = v/R \tag{1・2}$$

② インダクタ L（コイル）：鎖交磁束 Φ は電流 i に比例し，その比例定数が L であるので

$$\Phi = Li \quad (1\cdot3)$$

が成立する．一方，電圧 v は鎖交磁束の変化で与えられるので

$$v = \frac{d\Phi}{dt} \quad (1\cdot4)$$

式 (1·4) に式 (1·3) を代入すれば

$$v = L\frac{di}{dt} \quad (1\cdot5)$$

を得る．さらに，式 (1·5) を積分して整理すると次式を得る．

$$i = \frac{1}{L}\int v\,dt \quad (1\cdot6)$$

③　コンデンサ C：電荷 q は端子電圧 v に比例し，その比例定数が C であるので

$$q = Cv \quad (1\cdot7)$$

が成立する．一方，電流 i は q の時間変化で与えられるので

$$i = \frac{dq}{dt} \quad (1\cdot8)$$

式 (1·8) に式 (1·7) を代入すれば，

$$i = C\frac{dv}{dt} \quad (1\cdot9)$$

を得る．さらに，式 (1·9) を積分して整理すると次式を得る．

$$v = \frac{1}{C}\int i\,dt \quad (1\cdot10)$$

以上の考察の結果を**表 1·1** にまとめた．同時に各回路素子の電圧，電流に関する特徴も記載した．最低限本表の記載事項を把握しておいてほしい．本表に記載された v と i の関係式を用いて，回路方程式は機械的に立てることができる．また，この方程式は微分方程式となり，初期条件を与えることが必要となるが，これは「特徴」の項目から容易に導出できる．前者に対しては，2 章以降に詳述する．また，後者については，次節にて詳述する．

● 表 1・1　電圧と電流の関係のまとめ ●

素子	関係式	特徴
抵抗 R	$v = Ri$ $i = \dfrac{v}{R}$	・オームの法則
インダクタ L	$v = L\dfrac{di}{dt}$ $i = \dfrac{1}{L}\int v\,dt$	・電流 i は不連続に変化できない． 　常に連続的に変化する． ・直流を流しやすく，交流を流しにくい．
コンデンサ C	$i = C\dfrac{dv}{dt}$ $v = \dfrac{1}{C}\int i\,dt$	・電圧 v は不連続に変化できない． 　常に連続的に変化する． ・直流を流さず，交流を流しやすい．

3　初期状態と最終的な定常状態を把握しよう

　本節では，スイッチを閉じた瞬間の状態，すなわち初期状態と，スイッチを閉じて十分長い時間経過後の定常状態，すなわち最終的な定常状態の把握について記述する．初期状態の把握は，回路方程式の解に初期条件を与えるために必須となる．また，最終的な定常状態の把握は，回路方程式を解きやすくするのに効果的である．両状態は表 1・1 に記述した「特徴」欄の項目から容易に導き出すことができる．以下に具体例を挙げて検討してみよう．

　図 1・5 の回路において

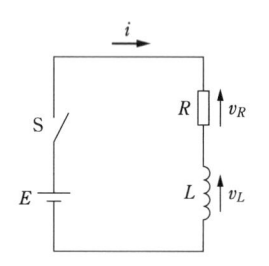

● 図 1・5　インダクタ L を含む回路 ●

（1）スイッチを閉じた瞬間（$t = 0$）の i，v_R，v_L は？
（2）スイッチを閉じて十分長い時間経過後（$t = \infty$）の i，v_R，v_L は？

　長年電気工学に親しんできた者にとっては，直ちに，しかも，直感的に次の答が出てくるだろう．

(1) $t=0$ で $i=0$, $v_R=0$, $v_L=E$
(2) $t=\infty$ で $i=E/R$, $v_R=E$, $v_L=0$

どのように考えたらこの答が出てくるか．表 1・1 に記述した「特徴」の項目を思い出してほしい．「インダクタ（コイル）に流れる電流は常に連続」であるから $t=0$ で $i=0$．するとオームの法則から $v_R=0$．よって $v_L=E$ となる（直感的には $v_L=E$ が先に出てくる．電流を流したくないのはインダクタ（コイル）だからすべての電圧はインダクタ（コイル）にかかる）．

一方，$t=\infty$ ではどうか．「インダクタ（コイル）は直流電流を流しやすい」から $v_L=0$ でも電流は流れる．したがって $v_R=E$．オームの法則から $i=E/R$．このように，すべて導き出すことができた．

次に，コンデンサ C（キャパシタ）を含む**図 1・6** の回路について検討する．

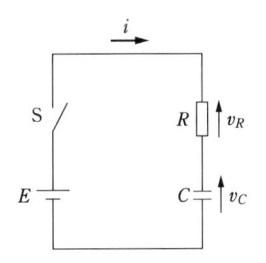

● 図 1・6　コンデンサ C を含む回路 ●

(1) スイッチを閉じた瞬間（$t=0$）の i, v_R, v_C は？
(2) スイッチを閉じて十分長い時間経過後（$t=\infty$）の i, v_R, v_C は？

の問に対して，前述と同様，次の答が出てくる．

(1) $t=0$ で $i=E/R$, $v_R=E$, $v_C=0$
(2) $t=\infty$ で $i=0$, $v_R=0$, $v_C=E$

この場合も表 1・1 に記述した特徴の項目から答が導き出される．すなわち，$t=0$ では，「コンデンサ（キャパシタ）の電圧は常に連続」から $v_C=0$．したがってすべての電圧が抵抗にかかり，$v_R=E$．オームの法則から $i=E/R$．一方，$t=\infty$ では，「コンデンサ（キャパシタ）は直流電流を流さない」から $i=0$．したがって，$v_R=0$, $v_C=E$．

このように考えれば，どんなに複雑な回路でも，必ず初期状態と最終的な定常状態を把握することができる．

まとめ

- インダクタ（コイル）の端子電圧は電流の時間変化に比例する．したがって，電流は常に連続的に変化する．
- コンデンサ（キャパシタ）の端子電圧は電流の総和（電流の積分値）に比例する．したがって，端子電圧は常に連続的に変化する．
- 初期状態と最終的な定常状態は上記2項目を把握すれば容易に導き出すことができる．

演習問題

問1 次の問に答えよ．

(1) インダクタ（コイル）の電圧と電流の関係は，$i = \frac{1}{L}\int v\,dt$ で表される．いま，$t=0$ で $i=0$ であった．$t=t_1$ のときの電流 i_1 は電圧 v を用いてどう表示されるか．

(2) コンデンサ（キャパシタ）の電圧と電流の関係は，$v = \frac{1}{C}\int i\,dt$ で表される．いま，$t=0$ で $v=v_0$ であった．$t=t_1$ のときの電圧 v_1 は電流 i を用いてどう表示されるか．

問2 図1・7の回路で，$t=0$ でスイッチSを閉じた．
(1) スイッチを閉じた瞬間（$t=0$）での，i_R，i_L，v を求めよ．
(2) $t=\infty$ での，i_R，i_L，v を求めよ．

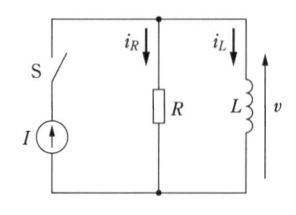

● 図1・7 演習問題2 ●

問3 図1・8の回路で，$t=0$ でスイッチSを閉じた．
(1) スイッチを閉じた瞬間（$t=0$）での，i_{R1}，i_C，i_{R2}，i_L，v_1，v_2 を求めよ．
(2) $t=\infty$ での，i_{R1}，i_C，i_{R2}，i_L，v_1，v_2 を求めよ．

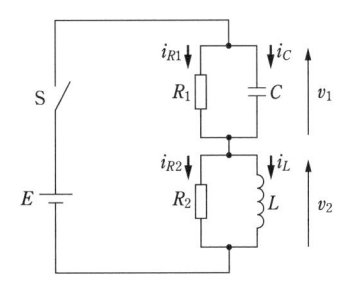

● 図1・8　演習問題3 ●

問4　図1・9の回路で，$t = 0$ でスイッチSを閉じた．
(1) スイッチを閉じた瞬間（$t = 0$）での，i_{R1}, i_C, i_{R2}, i_L, v_1, v_2 を求めよ．
(2) $t = \infty$ での，i_{R1}, i_C, i_{R2}, i_L, v_1, v_2 を求めよ．

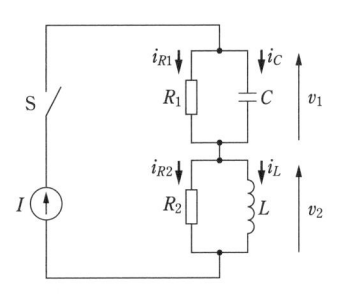

● 図1・9　演習問題4 ●

2章

RL 回路/RC 回路の過渡現象と解き方

　本章では，インダクタ（コイル）もしくはコンデンサ（キャパシタ）のどちらか一方を含む回路の過渡現象を扱う．過渡現象は 1 階微分方程式で記述され，その過渡解は指数関数となる．本章では，微分方程式の様々な解法を紹介する．交流回路の過渡現象も本章でとりあげた．

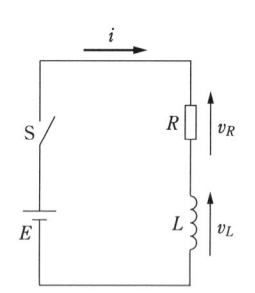

1　RL 回路の過渡現象とその解き方について学ぼう

〔1〕　回路方程式とその解

　図 2·1 に示すように RL 直列回路にスイッチ S を介して直流電源が接続されている．時刻 $t=0$ でスイッチ S を閉じたときの回路電流 i の時間変化を求めてみよう．

● 図 2·1　RL 回路の過渡現象 ●

　抵抗 R とインダクタ L（コイル）の端子電圧と電流の関係はそれぞれ $v_R = Ri$，$v_L = L(di/dt)$ である．この関係にキルヒホッフの電圧則を適応して機械的に回路方程式を立てることができる．すなわち，式 (2·1) を得る．

$$L\frac{di}{dt} + Ri = E \qquad (2\cdot1)$$

　ここで注意したいのは，各項の符号と図 2·1 に示した電圧，電流の矢印の向きである．電流の矢印の向きは正の電荷が移動する方向（電子が移動する方向とは逆）にとるのが一般的である．電圧の向きは，低い電位（負極）から高い電位

（正極）に向かって矢印をつけるものとする．実際の向きが逆になる場合には，その値が負となることを認識してほしい．

この約束を理解したうえで式 (2·1) を直感的に解釈すると，次のようになる．「電源の電圧 E は抵抗の電圧降下 v_R とインダクタ（コイル）の電圧降下 v_L の和とつりあっている．」

さて，話を元に戻して，式 (2·1) の解法を考えよう．ここでは 3 種類の解法を紹介する．自分にあった方法を選べばよいだろう．

解法 1：力ずくの方法

Ri を右辺に移し整理すると次式を得る．

$$\frac{1}{i - \frac{E}{R}} \frac{di}{dt} = -\frac{R}{L} \tag{2·2}$$

両辺を t で積分すれば

$$\log_e \left| i - \frac{E}{R} \right| = -\frac{R}{L} t + C \text{（積分定数）} \tag{2·3}$$

対数関数を取り除くと

$$i - \frac{E}{R} = \pm e^C \cdot e^{-\frac{R}{L}t}$$

$\pm e^C$ は正もしくは負の実数となるので，0 でない実数 A と置き換えることができる．したがって

$$i = \frac{E}{R} + A e^{-\frac{R}{L}t} \tag{2·4}$$

を得る．

解法 2：電気回路を考慮したスマートな方法

求める解 i を過渡解 i_t と定常解 i_s の和とおいてみる．過渡解は過渡現象を表す解であり，定常解は最終的な定常状態を表す解である．1 章の解説から，後者の定常解が次式で表されることはすぐに理解できるだろう．

$$i_s = \frac{E}{R} \tag{2·5}$$

したがって

$$i = i_t + \frac{E}{R} \tag{2・6}$$

式 (2・6) を式 (2・1) に代入して i_t に対する方程式に変換すると，式 (2・7) を得る．右辺が 0 となり，単純な式となった．

$$L\frac{di_t}{dt} + Ri_t = 0 \tag{2・7}$$

式 (2・7) を変形すると

$$\frac{1}{i_t}\frac{di_t}{dt} = -\frac{R}{L}$$

両辺を t で積分すれば

$$\log_e|i_t| = -\frac{R}{L}t + C \text{（積分定数）}$$

対数関数を取り除くと

$$i_t = \pm e^C \cdot e^{-\frac{R}{L}t}$$

$\pm e^C$ は 0 でない実数 A と置き換えることができる．これを式 (2・6) に代入すれば式 (2・4) を得る．結局，解法 1 と同じ解を得た．

解法 3：少し異質な方法（2 階微分方程式の解法に威力を発揮する方法）

解法 2 で紹介した i_t を

$$i_t = Ae^{mt} \quad (A \neq 0) \tag{2・8}$$

とおいてみる．これを式 (2・7) に代入すると

$$(Lm + R)Ae^{mt} = 0$$

$Ae^{mt} \neq 0$ であるので，$m = -R/L$ を得る．したがって

$$i_t = Ae^{-\frac{R}{L}t}$$

求める解は式 (2・4) となり，解法 1，解法 2 と全く同じ解を得る．

式 (2・4) で表される解は積分定数 A を含んでいるので，最終的な解を得るには，この積分定数を決定する必要がある．

〔2〕 **初期条件**

式 (2・4) の積分定数 A の決定には，$t = 0$ における電流値を参考とする．これを初期条件または初期値という．1 章の学習から，この値がいくらになるか，す

ぐ理解できるだろう．「インダクタンスに流れる電流は常に連続」であるから，$t=0$ で $i=0$ となる．この条件を式 (2·4) に代入すると

$$0 = \frac{E}{R} + A \quad \therefore A = -\frac{E}{R}$$

したがって電流 i は

$$i = \frac{E}{R}\left(1 - e^{-\frac{R}{L}t}\right) \tag{2·9}$$

で与えられる．この電流 i の変化の様子を横軸に時間 t，縦軸に電流 i をとって表すと，**図 2·2** のようになる．$t=0$ で $i=0$．その後 i は時間とともに指数関数的に上昇し（過渡現象），$t=\infty$ で $i=E/R$ なる定常電流となる．

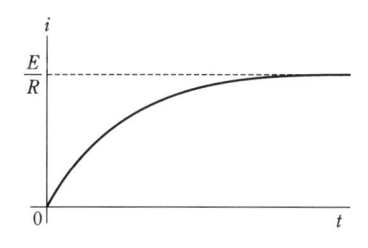

● 図 2·2　電流 i の時間変化 ●

〔3〕**時定数**

式 (2·9) の時間 t の係数 R/L に注目してみる．R をオーム〔Ω〕，L をヘンリー〔H〕で表すと，R/L は 1/秒〔1/s〕となる．そこで，この逆数を取り，L/R を τ とおいてみる．τ は秒〔s〕を単位に持つ値となる．この τ を用いて式 (2·9) を書き換えると次式を得る．

$$i = \frac{E}{R}\left(1 - e^{-\frac{t}{\tau}}\right) \tag{2·10}$$

この式の右辺第 2 項 $e^{-t/\tau}$ は過渡現象を表している．したがって，τ は過渡現象の長さを示していることがわかる．すなわち，τ は過渡現象の時間尺度となり，**時定数**と呼ばれている．この時定数は，回路定数のみで決まる，回路固有の値となる．

ここで，τ 秒ごとに電流値の変化する様子を求めてみよう．結果を**表 2·1** に示す．$t=\tau$ で定常電流の 63.2 % となり，$t=5\tau$ になると 99.3 % となる．このよう

● 表2・1　τ秒ごとの電流値 ●

t	$i/I = 1 - e^{-t/\tau}$
0	0
1τ	0.632
2τ	0.867
3τ	0.950
4τ	0.982
5τ	0.993
6τ	0.998
⋮	⋮

$I = E/R$（定常電流）

に時間が 5τ 以上経過すれば，実用上は定常状態と考えても差し支えないといえる．時定数 τ が小さいほど過渡状態の時間は短く，回路はより早く定常状態に移行する．

② RC 回路の過渡現象とその解き方について学ぼう

〔1〕 回路方程式とその解

本節では，前節のインダクタ L（コイル）の代わりにコンデンサ C（キャパシタ）を接続した回路の過渡現象を解析しよう．図 2・3 の回路で，$t = 0$ でスイッチ S を閉じる場合を考える．スイッチ S を閉じる前のコンデンサ C（キャパシタ）の電荷は 0 とする．抵抗 R とコンデンサ C（キャパシタ）の端子電圧と電流の関係はそれぞれ $v_R = Ri$，$v_C = (1/C)\int i dt$ である．この関係にキルヒホッフの電圧則を適応して回路方程式を立てると式（2・11）を得る．

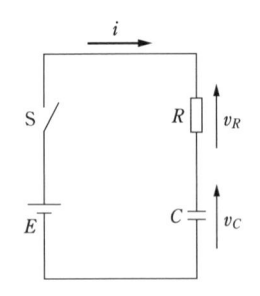

● 図 2・3　RC 回路の過渡現象 ●

$$Ri + \frac{1}{C}\int i\,dt = E \tag{2・11}$$

式 (2・11) は積分を含んでいるので，このままでは解けない．この対策として，式 (2・11) を t で微分して微分方程式に変換する方法と，コンデンサ（キャパシタ）の電荷 q をパラメータとする方法が考えられる．ここでは，両方の方法を紹介しよう．

解法 1：微分方程式に変換する方法

式 (2・11) を t で微分すると式 (2・12) を得る．

$$R\frac{di}{dt} + \frac{1}{C}i = 0 \tag{2・12}$$

前節の学習から，式 (2・12) の解は容易に導き出されるだろう．すなわち

$$i = Ae^{-\frac{t}{CR}} \tag{2・13}$$

初期条件は，$t=0$ で $i=E/R$ である．「コンデンサ（キャパシタ）の端子電圧は常に連続」であるので，$t=0$ で $v_C=0$．よって全電圧が抵抗 R に印加され，$v_R=E$，だから $i=E/R$．この初期条件から積分定数 A を求めると，$A=E/R$．結局求める解は式 (2・14) となる．

$$i = \frac{E}{R}e^{-\frac{t}{CR}} \tag{2・14}$$

v_R，v_C は式 (2・14) から容易に求めることができる．

$$v_R = Ri = Ee^{-\frac{t}{CR}} \tag{2・15}$$

$$v_C = E - v_R = E\left(1 - e^{-\frac{t}{CR}}\right) \tag{2・16}$$

解法 2：q をパラメータとする方法

$i = dq/dt$，$\int i\,dt = q$ を式 (2・11) に代入すると

$$R\frac{dq}{dt} + \frac{1}{c}q = E \tag{2・17}$$

を得る．式 (2・17) の解も前節の学習から容易に導き出されるだろう．すなわち

$$q = CE + Ae^{-\frac{t}{CR}} \tag{2・18}$$

電荷 q は常に連続であり，$t=0$ で $q=0$．これが初期条件となり，$A=-CE$．したがって，求める解は

$$q = CE\left(1 - e^{-\frac{t}{CR}}\right) \qquad (2\cdot 19)$$

i, v_R, v_C は式 (2・19) から容易に求めることができる．すなわち，i は式 (2・14)，v_R は式 (2・15)，v_C は式 (2・16) で与えられ，解法 1 の微分方程式に変換する方法と一致する．i, q, v_R, v_C の時間変化をグラフに表すと，図 2・4 のようになる．

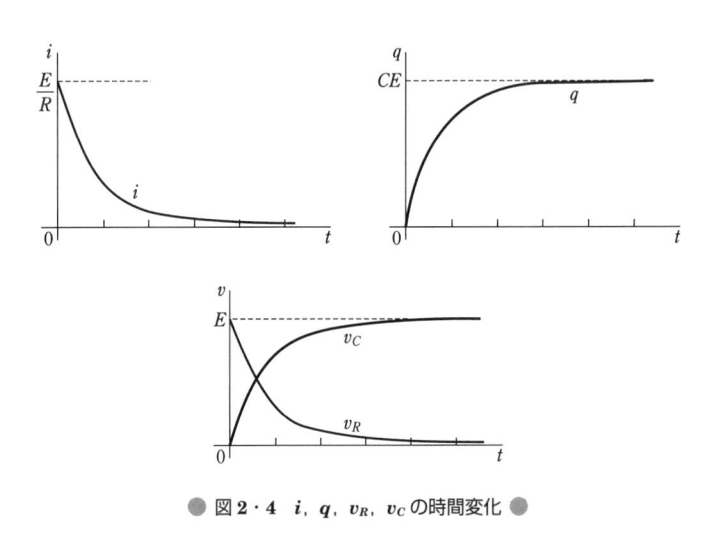

● 図 2・4　i, q, v_R, v_C の時間変化 ●

〔2〕 **時定数**

前節と同様，時間 t の係数の逆数 CR は秒〔s〕の単位を有する．これが時定数 τ となる．τ を用いて電流 i を書き換えると

$$i = \frac{E}{R} e^{-\frac{t}{\tau}} \qquad (2\cdot 20)$$

τ が持つ意味は前節と全く同じであり，ここでは説明を省略する．

③ 交流回路の過渡現象とその解き方について学ぼう

交流の過渡現象は，我々の日常生活においてさまざまな電気製品の駆動時に発生している．また電力を輸送する電力系統においても，高電圧開閉装置の動作に

3 交流回路の過渡現象とその解き方について学ぼう

伴い，きわめて高い電気エネルギーの過渡現象が発生する．この解析は直流の場合と比べて複雑になる．しかし，その取り扱い方の基本は同じである．ここでは，RL 回路に正弦波電圧を加えた場合の過渡現象について調べてみよう．

図 2・5 の回路で，$t=0$ でスイッチ S を閉じ，正弦波電圧 $e = E_m \sin(\omega t + \theta)$ を加える．このときの回路方程式は

$$L\frac{di}{dt} + Ri = E_m \sin(\omega t + \theta) \tag{2・21}$$

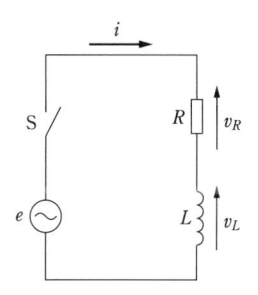

● 図 2・5 交流回路の過渡現象 ●

交流回路の過渡現象解析では，過渡解と定常解に分割する方法が特に威力を発揮する．過渡解を i_t，定常解を i_s とおいて $i = i_t + i_s$ とする．定常解 i_s は交流回路の計算法を用いれば容易に得ることができる．すなわち

① R と L の合成インピーダンスの大きさは，$\sqrt{R^2 + (\omega L)^2}$ で与えられる．
② 電流は電圧に対して $\tan^{-1}(\omega L/R)$ （$= \phi$ とおく）だけ位相が遅れる．

を考慮すれば，i_s が式 (2・22) で表されることを理解できるだろう．

$$i_s = \frac{E_m}{\sqrt{R^2 + (\omega L)^2}} \sin(\omega t + \theta - \phi) \tag{2・22}$$

この解は当然，式 (2・21) を満たす（演習問題の問 1 参照）．したがって過渡解 i_t は式 (2・23) の解となる．

$$L\frac{di_t}{dt} + Ri_t = 0 \tag{2・23}$$

これで，どう処理してよいかわからなかった式 (2・21) の右辺が消去された．式 (2・23) の解の導出は容易である．

$$i_t = Ae^{-(R/L)t} \tag{2・24}$$

したがって

$$i = i_t + i_s = Ae^{-\frac{R}{L}t} + \frac{E_m}{\sqrt{R^2+(\omega L)^2}}\sin(\omega t + \theta - \phi) \qquad (2\cdot 25)$$

初期条件は $t=0$ で $i=0$ であるから，これを式 (2·25) に代入して A を求めると

$$A = -\frac{E_m}{\sqrt{R^2+(\omega L)^2}}\sin(\theta - \phi)$$

これを式 (2·25) に代入すれば式 (2·26) を得る．

$$i = -I_m \sin(\theta - \phi)e^{-\frac{R}{L}t} + I_m \sin(\omega t + \theta - \phi)$$
$$\text{ただし，} I_m = \frac{E_m}{\sqrt{R^2+(\omega L)^2}} \qquad (2\cdot 26)$$

式 (2·26) において，右辺第 1 項の過渡電流の振幅は初期位相角 θ によって変化することがわかる．すなわち，正弦波電圧のどの位相でスイッチを閉じたかによって，回路の過渡現象が異なる．例えば $\theta = \phi$ の位相のときスイッチを閉じたとすれば，$\sin(\theta - \phi) = 0$ となり，式 (2·26) の右辺第 1 項が消滅するから過渡現象は起こらない．このとき，$i = I_m \sin \omega t$ となり，スイッチを閉じた瞬間から定常状態となる．これが理想的なスイッチの動作タイミングとなる．

一方，$\sin(\theta - \phi)$ を最大にするのは $\theta = \phi \pm \pi/2$ の位相でスイッチを閉じる場合で，このとき過渡電流は最大となる．このときの回路電流は

$$i = -I_m e^{-\frac{R}{L}t} + I_m \sin\left(\omega t + \frac{\pi}{2}\right) = -I_m e^{-\frac{R}{L}t} + I_m \cos \omega t \qquad (2\cdot 27)$$

で与えられる．i, i_t, i_s の変化の様子を**図 2·6** に示す．$t=0$ で過渡電流 $i_t = -I_m$ が流れることにより，定常電流 $i_s = I_m$ を打ち消し，回路電流 i を 0 としている

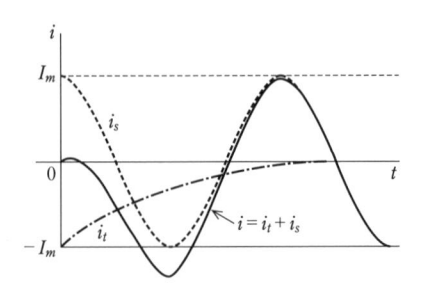

● 図 2·6　$\theta = \phi + \pi/2$ のときの電流の時間変化 ●

ことがわかる．その後，時間が経過するにつれて i_t は減少する．それに伴い i は定常電流 i_s に近づいていく．この過渡現象の長さは，直流の場合と同様，$\tau = L/R$ によって決まる．τ が大きくなると，過渡電流はすぐには減衰しないため，i の最大値は I_m の倍近い値となる．

まとめ

- RL 回路および RC 回路の過渡現象は 1 階微分方程式で記述され，その過渡解は指数関数となる．
- 交流回路の過渡現象の解析では，解を過渡解と定常解に分割する方法が便利である．

演習問題

問 1 $i_s = \dfrac{E_m}{\sqrt{R^2 + (\omega L)^2}} \sin(\omega t + \theta - \phi) \left(\phi = \tan^{-1} \dfrac{\omega L}{R} \right)$ は，$L\dfrac{di_s}{dt} + Ri_s = E_m \sin(\omega t + \theta)$ を満たすことを示せ．

問 2 図 2・7 の回路で，$R = 5\,\Omega$, $L = 10\,\mathrm{mH}$, $E = 10\,\mathrm{V}$ である．$t = 0$ でスイッチ S を閉じたとき

(1) 回路電流 i と R，L の端子電圧 v_R，v_L の時間変化を求めよ．
(2) 時定数 τ と，$t = \tau$ の時の i の値を求めよ．
(3) $v_R = v_L$ となる時間を求めよ．

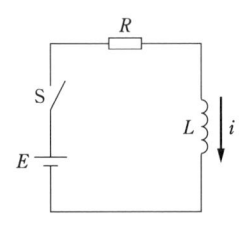

● 図 2・7　演習問題 2 ●

問 3 図 2·8 の回路で，$i = 0$ でスイッチ S を閉じたときの v，i_R，i_L の時間変化を求めよ．

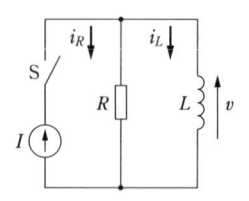

● 図 2·8　演習問題 3 ●

問 4 図 2·9 の回路で，$t = 0$ でスイッチ S を閉じ，交流電圧 $e = E_m \sin(\omega t + \theta)$ を印加したときの回路電流 i を求めよ．

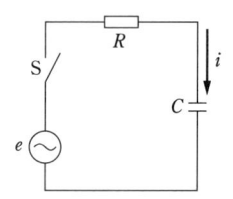

● 図 2·9　演習問題 4 ●

3章

LC回路/RLC回路の過渡現象と解き方

　本章では，インダクタ（コイル）とコンデンサ（キャパシタ）の両方を含む回路の過渡現象を扱う．過渡現象は2階微分方程式で記述され，その過渡解は抵抗の大小によって振動が現れたり現れなかったりする．この状況の相違を判別するのが，特性方程式の判別式である．本章ではまた，コンデンサ（キャパシタ）を含まない相互誘導回路の過渡現象もとりあげた．過渡現象は1階微分方程式の連立方程式で記述されるが，最終的には2階微分方程式を解くことになる．

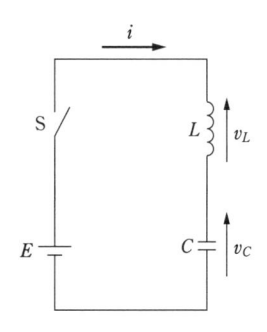

1　LC回路の過渡現象とその解き方について学ぼう

　図3・1の回路で，$t=0$でスイッチSを閉じるときの各パラメータの時間変化を求めてみよう．ただし，スイッチSを閉じる前のコンデンサC（キャパシタ）の電荷は0とする．この回路方程式はiを未知関数として

$$L\frac{di}{dt} + \frac{1}{C}\int i\,dt = E \tag{3・1}$$

で与えられる．2章で学んだように，未知関数をqに置き換える方法があるが，ここでは式(3・1)をさらにtで微分する方法をとる．

$$L\frac{d^2i}{dt^2} + \frac{1}{C}i = 0 \tag{3・2}$$

● 図3・1　LC回路の過渡現象 ●

2章では述べなかったが，式 (3·2) では電源の電圧値 E の情報が失われている．解を求める過程で，式 (3·1) に戻り確認する必要がある．

ここで，定常解は $i_s = 0$ であるので，$i\,(=i_t) = Ae^{mt}$ とおく．これを式 (3·2) に代入すると

$$\left(Lm^2 + \frac{1}{C}\right)Ae^{mt} = 0$$

$Ae^{mt} \neq 0$ を仮定しているので

$$Lm^2 + \frac{1}{C} = 0 \tag{3·3}$$

この式は**特性方程式**と呼ばれている．これを解くと，$m = \pm j(1/\sqrt{LC})$ を得る．式 (3·2) を満たす解が 2 個存在する．一般性を保って

$$i = A_1 e^{j\frac{t}{\sqrt{LC}}} + A_2 e^{-j\frac{t}{\sqrt{LC}}} \tag{3·4}$$

とおくことができる．2 階微分方程式を解いているので，積分定数も A_1, A_2 と 2 個になっている．したがって，この値を決定するためには 2 種類の初期条件が必要となる．

(1) 第一の初期条件：「インダクタ（コイル）に流れる電流は常に連続」であるので，$t = 0$ で $i = 0$．これを式 (3·4) に代入すると，$A_1 + A_2 = 0$．この関係を用いて式 (3·4) を変形すると，式 (3·5) を得る．

$$i = A_1\left(e^{j\frac{t}{\sqrt{LC}}} - e^{-j\frac{t}{\sqrt{LC}}}\right) = 2A_1 j\sin\frac{t}{\sqrt{LC}} \tag{3·5}$$

(2) 第二の初期条件：「コンデンサ（キャパシタ）の端子電圧は常に連続」であるので，$t = 0$ で $v_C = 0$．すなわち，式 (3·1) に戻って，$t = 0$ で $\frac{1}{C}\int i\,dt = 0$．すると，$t = 0$ で $L(di/dt) = E$ なる初期条件を得る．これで電源の電圧値 E の情報を取り戻すことになる．式 (3·5) にこの初期条件を適用すれば，$2A_1 j = E\sqrt{C/L}$．したがって，求める解は式 (3·6) となる．

$$i = E\sqrt{\frac{C}{L}}\sin\frac{t}{\sqrt{LC}} \tag{3·6}$$

式 (3·6) は，i が正弦波的に振動していることを示している．すなわち，インダクタ L（コイル）とコンデンサ C（キャパシタ）がエネルギーのやり取りを

して共振している．共振角周波数 ω_0，および共振周波数 f_0 は

$$\omega_0 = \frac{1}{\sqrt{LC}}, \quad f_0 = \frac{1}{2\pi\sqrt{LC}}$$

で与えられ，よく知られた関係となる．いま，式 (3・6) を ω_0 を用いて書き改めると

$$i = E\sqrt{\frac{C}{L}}\sin\omega_0 t \tag{3・7}$$

この式から，v_L，v_C を求めると

$$v_L = L\frac{di}{dt} = E\cos\omega_0 t \tag{3・8}$$

$$v_C = E - v_L = E(1 - \cos\omega_0 t) \tag{3・9}$$

i, v_L, v_C の時間変化の様子を図 3・2，図 3・3 に示す．

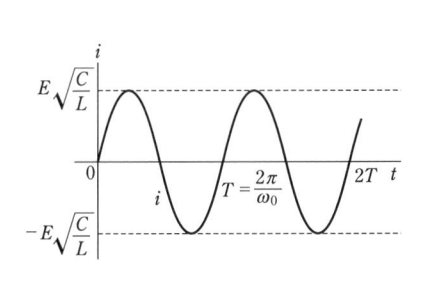

● 図 3・2 i の時間変化 ●

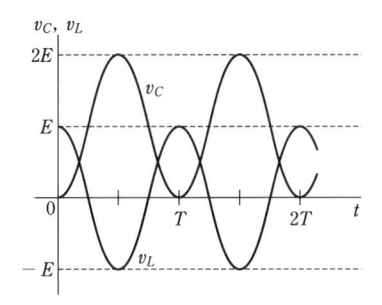

● 図 3・3 v_C と v_L の時間変化 ●

2 RLC 回路の過渡現象とその解き方について学ぼう

図 3・4 に示すように，前節での考察に抵抗 R を追加した回路を考える．スイッチ S を閉じる前のコンデンサ C（キャパシタ）電荷は 0 とする．回路方程式は

$$L\frac{di}{dt} + Ri + \frac{1}{C}\int i\, dt = E \tag{3・10}$$

両辺を t で微分して

$$L\frac{d^2 i}{dt^2} + R\frac{di}{dt} + \frac{1}{C}i = 0 \tag{3・11}$$

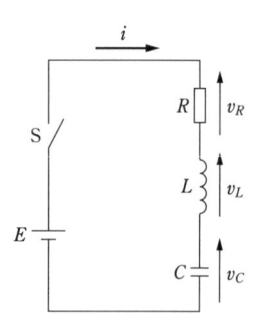

● 図3・4　*RLC* 回路の過渡現象 ●

前節と同様に，定常解は $i_s = 0$ であるので，$i = Ae^{mt}$ とおいて式 (3・11) に代入する．

$$\left(Lm^2 + Rm + \frac{1}{C}\right)Ae^{mt} = 0$$

$Ae^{mt} \neq 0$ を仮定しているので

$$Lm^2 + Rm + \frac{1}{C} = 0 \tag{3・12}$$

を得る．前節と同様な特性方程式を得た．ただし，抵抗 R が加わると，様相はかなり複雑となる．一般的な 2 次方程式の根は公式として与えられており，この場合の根は

$$m = \frac{-R \pm \sqrt{R^2 - 4\dfrac{L}{C}}}{2L} = -\alpha \pm \sqrt{\alpha^2 - \omega_0^2}$$

ただし，$\alpha = R/(2L)$，$\omega_0 = 1/\sqrt{LC}$

ここで注目すべきは，抵抗 R の大きさによって過渡現象の様相が全く異なってくることである．数学的には，①異なる 2 実数根を持つ場合，②重根を持つ場合，③虚数根を持つ場合の 3 種類に分類される．それぞれの場合について解を考察しよう．

① **異なる 2 実数根を持つ場合**：判別式 $= R^2 - 4(L/C) > 0$ のとき．

2 実数根は $m_1 = -\alpha + \sqrt{\alpha^2 - \omega_0^2}$ と $m_2 = -\alpha - \sqrt{\alpha^2 - \omega_0^2}$ となる．したがって，i の一般解は

$$i = e^{-\alpha t}\left(A_1 e^{\sqrt{\alpha^2-\omega_0^2}\,t} + A_2 e^{-\sqrt{\alpha^2-\omega_0^2}\,t}\right) \qquad (3・13)$$

初期条件の与え方は前節と全く同様である．すなわち

(1) $t=0$ で $i=0$．したがって，$A_1+A_2=0$．この関係を用いて式 (3・13) を変形すると，次式を得る．

$$i = A_1 e^{-\alpha t}\left(e^{\sqrt{\alpha^2-\omega_0^2}\,t} - e^{-\sqrt{\alpha^2-\omega_0^2}\,t}\right)$$

(2) $t=0$ で $L(di/dt)=E$．上式を t で微分した後，$t=0$ を代入して A_1 を求めると

$$A_1 = \frac{E}{2L\sqrt{\alpha^2-\omega_0^2}}$$

したがって，求める解は式 (3・14) となる．

$$\begin{aligned}
i &= \frac{E}{L\sqrt{\alpha^2-\omega_0^2}} e^{-\alpha t} \frac{e^{\sqrt{\alpha^2-\omega_0^2}\,t} - e^{-\sqrt{\alpha^2-\omega_0^2}\,t}}{2}\\
&= \frac{E}{L\sqrt{\alpha^2-\omega_0^2}} e^{-\alpha t} \sinh\left(\sqrt{\alpha^2-\omega_0^2}\,t\right)
\end{aligned} \qquad (3・14)$$

② **重根を持つ場合**：判別式 $=R^2-4(L/C)=0$ のとき．

重根は $m=-\alpha$．したがって，$i=A_1 e^{-\alpha t}$ は一つの解である．しかし，2 階微分方程式の一般解は 2 個の一次独立な関数が必要となる．もう一個の関数を見つけなければならない．この関数は，$i=A_2 t e^{-\alpha t}$ である（この関数が式 (3・11) を満たすことの証明は演習問題の問 1）．したがって，i の一般解は

$$i = (A_1 + A_2 t) e^{-\alpha t} \qquad (3・15)$$

初期条件は

(1) $t=0$ で $i=0$．したがって，$A_1=0$，$i=A_2 t e^{-\alpha t}$．
(2) $t=0$ で $L(di/dt)=E$．上式を t で微分した後，$t=0$ を代入して A_2 を求めると，$A_2=E/L$

したがって，求める解は式 (3・16) となる．

$$i = \frac{E}{L} t e^{-\alpha t} \qquad (3・16)$$

③ **虚数根を持つ場合**：判別式 $=R^2-4(L/C)<0$ のとき．

2 虚数根は $m_1=-\alpha+j\sqrt{\omega_0^2-\alpha^2}$ と $m_2=-\alpha-j\sqrt{\omega_0^2-\alpha^2}$ となる．したが

って，i の一般解は

$$i = e^{-\alpha t}\left(A_1 e^{j\sqrt{\omega_0^2-\alpha^2}\,t} + A_2 e^{-j\sqrt{\omega_0^2-\alpha^2}\,t}\right) \qquad (3\cdot 17)$$

初期条件は

(1) $t=0$ で $i=0$．したがって，$A_1+A_2=0$．この関係を用いて式 (3・17) を変形すると，次式を得る．

$$i = A_1 e^{-\alpha t}\left(e^{j\sqrt{\omega_0^2-\alpha^2}\,t} - e^{-j\sqrt{\omega_0^2-\alpha^2}\,t}\right)$$
$$= 2A_1 j e^{-\alpha t}\sin\left(\sqrt{\omega_0^2-\alpha^2}\,t\right)$$

(2) $t=0$ で $L(di/dt)=E$．上式を t で微分した後，$t=0$ を代入して A_1 を求めると

$$A_1 = \frac{E}{2jL\sqrt{\omega_0^2-\alpha^2}}$$

したがって，求める解は式 (3・18) となる．

$$i = \frac{E}{L\sqrt{\omega_0^2-\alpha^2}}\,e^{-\alpha t}\sin\left(\sqrt{\omega_0^2-\alpha^2}\,t\right) \qquad (3\cdot 18)$$

回路に流れる電流が求まれば，他のパラメータは容易に計算できる．例えば，コンデンサ C（キャパシタ）の端子電圧 v_C は，i を用いて次の計算をすればよい．

$$v_C = E - Ri - L\frac{di}{dt} \qquad (3\cdot 19)$$

3 種類の場合について，計算結果のみを以下に記す．

① $R^2 - 4(L/C) > 0$ のとき

$$v_C = E\left\{1 - e^{-\alpha t}\frac{\omega_0}{\sqrt{\alpha^2-\omega_0^2}}\sinh\left(\sqrt{\alpha^2-\omega_0^2}\,t + \phi\right)\right\}$$

$$\text{ただし，}\phi = \tanh^{-1}\frac{\sqrt{\alpha^2-\omega_0^2}}{\alpha} \qquad (3\cdot 20)$$

② $R^2 - 4(L/C) = 0$ のとき

$$v_C = E\left\{1 - (1+\alpha t)e^{-\alpha t}\right\} \qquad (3\cdot 21)$$

③ $R^2 - 4(L/C) < 0$ のとき

$$v_C = E\left\{1 - e^{-\alpha t}\frac{\omega_0}{\sqrt{\omega_0^2 - \alpha^2}}\sin\left(\sqrt{\omega_0^2 - \alpha^2}\,t + \phi\right)\right\}$$

$$\text{ただし, } \phi = \tan^{-1}\frac{\sqrt{\omega_0^2 - \alpha^2}}{\alpha} \tag{3・22}$$

以上の結果を図示すると，**図3・5**のようになる．③の$R^2 - 4(L/C) < 0$の場合は，電流iや端子電圧v_Cは振動し，時間とともにその振幅は小さくなる．いわゆる減衰振動となる．最終的には定常値である$i = 0$，$v_C = E$に落ち着く．一方，①の$R^2 - 4(L/C) > 0$の場合は，減衰振動とはならず，2種類の指数関数に従い定常値に近づいていく．この場合を過制動という．この過制動から減衰振動に移る境目の状態が②の$R^2 - 4(L/C) = 0$の場合で，臨界制動と呼ばれている．

このようにRの大小で様相が大きく異なることがわかる．前節のRがない場合は，減衰しない振動が現れた．Rを挿入すると振動が減衰し，Rを大きくするほどこの減衰の程度が大きくなる．さらにRを大きくすると，振動は消滅する．

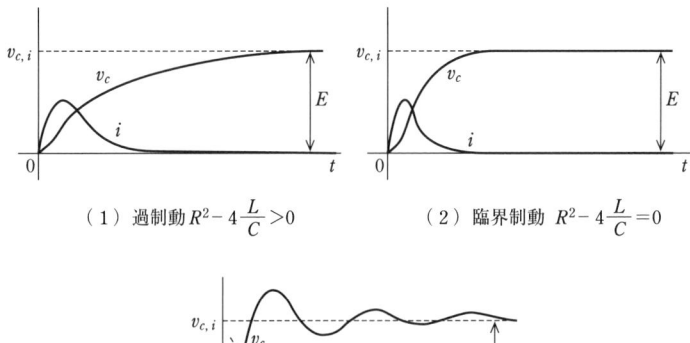

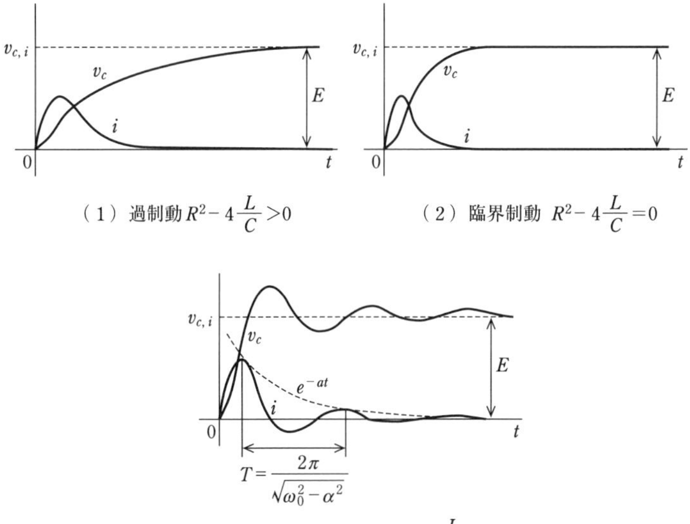

（1）過制動 $R^2 - 4\dfrac{L}{C} > 0$

（2）臨界制動 $R^2 - 4\dfrac{L}{C} = 0$

（3）減衰振動 $R^2 - 4\dfrac{L}{C} < 0$

● 図3・5　iとv_Cの時間変化 ●

3　相互誘導回路の過渡現象の解き方を学ぼう

まず，相互誘導回路の基本を復習しておこう．**図3・6**のように自己インダク

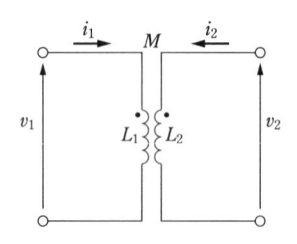

3章 LC回路/RLC回路の過渡現象と解き方

● 図3・6 相互誘導回路の基本 ●

タンス L_1, L_2 の二つのインダクタ（コイル）が相互インダクタンス M で結合されている。このとき，$L_1 L_2 - M^2 \geq 0$ が成立し，一次側の電圧 v_1 と電流 i_1, および二次側の電圧 v_2 と電流 i_2 は次の関係を満たす。

$$\begin{cases} v_1 = L_1 \dfrac{di_1}{dt} + M \dfrac{di_2}{dt} \\ v_2 = L_2 \dfrac{di_2}{dt} + M \dfrac{di_1}{dt} \end{cases} \quad (3 \cdot 23)$$

二次側のインダクタ（コイル）が逆向きの場合は，式(3・23)の M を $-M$ とすればよい．

この知識を得た上で，**図3・7**の回路を考えよう．$t=0$ でスイッチSを閉じ，直流電圧 E を加える．この回路には，コンデンサ（キャパシタ）が含まれていないが，最終的には2階微分方程式となることから，本章で扱う．また，今まで学習してきた回路方程式と異なる点は，未知数が2個ある点である．したがって，回路方程式は2個の連立微分方程式となる．

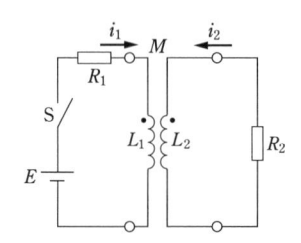

● 図3・7 相互誘導回路の過渡現象 ●

図3・6と図3・7を見比べると，次の関係を得ることができる．

$$v_1 = E - R_1 i_1, \quad v_2 = -R_2 i_2 \quad (3 \cdot 24)$$

式(3・24)を式(3・23)に代入して整理すると，図3・7の回路方程式を得る．

$$L_1 \frac{di_1}{dt} + R_1 i_1 + M \frac{di_2}{dt} = E \tag{3・25}$$

$$L_2 \frac{di_2}{dt} + R_2 i_2 + M \frac{di_1}{dt} = 0 \tag{3・26}$$

この連立微分方程式を解くコツは，一般の連立方程式と同様，余計な未知数をうまく消去することにある．まず，式 (3・25)，式 (3・26) の両辺を t で微分する．

$$L_1 \frac{d^2 i_1}{dt^2} + R_1 \frac{di_1}{dt} + M \frac{d^2 i_2}{dt^2} = 0 \tag{3・27}$$

$$L_2 \frac{d^2 i_2}{dt^2} + R_2 \frac{di_2}{dt} + M \frac{d^2 i_1}{dt^2} = 0 \tag{3・28}$$

式 (3・27)，式 (3・28) から $d^2 i_2/dt^2$ を消去すれば

$$\frac{di_2}{dt} = \frac{1}{MR_2}\left\{(L_1 L_2 - M^2)\frac{d^2 i_1}{dt^2} + L_2 R_1 \frac{di_1}{dt}\right\} \tag{3・29}$$

式 (3・25) に代入して整理すると（$L_1 L_2 - M^2 \neq 0$ と仮定）

$$\frac{d^2 i_1}{dt^2} + \frac{L_1 R_2 + L_2 R_1}{L_1 L_2 - M^2}\frac{di_1}{dt} + \frac{R_1 R_2}{L_1 L_2 - M^2} i_1 = \frac{R_2}{L_1 L_2 - M^2} E \tag{3・30}$$

同様に，i_2 に関して式 (3・31) を得る．

$$\frac{d^2 i_2}{dt^2} + \frac{L_1 R_2 + L_2 R_1}{L_1 L_2 - M^2}\frac{di_2}{dt} + \frac{R_1 R_2}{L_1 L_2 - M^2} i_2 = 0 \tag{3・31}$$

ここまで来れば，解を求めるのは容易だろう．式 (3・30)，式 (3・31) の定常解はそれぞれ $i_{1s} = E/R_1$，$i_{2s} = 0$．また，特性方程式はいずれも

$$m^2 + \frac{L_1 R_2 + L_2 R_1}{L_1 L_2 - M^2} m + \frac{R_1 R_2}{L_1 L_2 - M^2} = 0 \tag{3・32}$$

となる．この式の判別式を計算すると

$$判別式 = \frac{(L_1 R_2 - L_2 R_1)^2 + 4 R_1 R_2 M^2}{(L_1 L_2 - M^2)^2} > 0$$

また，$L_1 L_2 - M^2 > 0$ であるので，式 (3・32) の係数はすべて正．したがって，式 (3・32) は負の 2 実数根を持つことがわかる．これを m_1，m_2 とおくと，求める解は

$$i_1 = \frac{E}{R_1} + A_1 e^{m_1 t} + A_2 e^{m_2 t} \tag{3・33}$$

$$i_2 = A_3 e^{m_1 t} + A_4 e^{m_2 t} \qquad (3\cdot 34)$$

で表される．初期条件は，「インダクタ（コイル）に流れる電流は常に連続」から，$t=0$ で $i_1=0$, $i_2=0$．また，これを式 (3·25)，式 (3·26) に代入すれば，第二の初期条件として，$t=0$ で

$$L_1 \frac{di_1}{dt} + M \frac{di_2}{dt} = E, \quad L_2 \frac{di_2}{dt} + M \frac{di_1}{dt} = 0$$

この初期条件から A_1, A_2, A_3, A_4 を求めて整理すれば，最終解として式 (3·35)，式 (3·36) を得る．

$$i_1 = \frac{E}{R_1}\left\{1 - e^{-\alpha t}\left(\cosh\beta t + \frac{\alpha}{\beta}\frac{L_1 R_2 - L_2 R_1}{L_1 R_2 + L_2 R_1}\sinh\beta t\right)\right\} \qquad (3\cdot 35)$$

$$i_2 = -\frac{2\alpha}{\beta}\frac{ME}{L_1 R_2 + L_2 R_1} e^{-\alpha t}\sinh\beta t$$

$$\text{ただし，} \alpha = \frac{L_1 R_2 + L_2 R_1}{2(L_1 L_2 - M^2)}, \quad \beta = \frac{\sqrt{(L_1 R_2 - L_2 R_1)^2 + 4 R_1 R_2 M^2}}{2(L_1 L_2 - M^2)} \qquad (3\cdot 36)$$

ま と め

- インダクタ（コイル）とコンデンサ（キャパシタ）の両方を含む回路の過渡現象は 2 階微分方程式で記述される．
- 過渡現象の状況の相違は特性方程式の判別式によって判別される．判別式が負の場合は振動が現れる．
- 相互誘導回路の過渡現象は，最終的には 2 階微分方程式を解くことになる．しかし，特性方程式の判別式が負になることはなく，解に振動は現れない．

演 習 問 題

問 1 $L\dfrac{d^2 i}{dt^2} + R\dfrac{di}{dt} + \dfrac{1}{C}i = 0$ の特性方程式が重根を持つ場合，すなわち，判別式 $= R^2 - 4(L/C) = 0$ のとき，この重根を α とすると，$i = Ate^{\alpha t}$ が一つの解（基本解）であることを示せ．

問 2 図 3·8 の回路で，$R = 3\,\Omega$, $L = 1\,\text{H}$, $C = 0.5\,\text{F}$, $E = 10\,\text{V}$ である．$t = 0$ でスイッチ S を閉じたときの回路電流 i を求め，その時間変化を図示せよ．

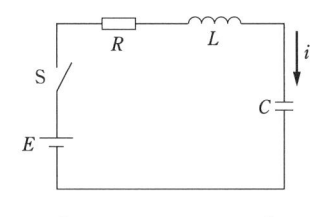

● 図 3・8　演習問題 2 ●

問 3　図 3・9 の回路で，$t = 0$ でスイッチ S を閉じたときの C に流れる電流 i_C と C の端子電圧 v_C を求めよ．ただし $R^2 - 4(L/C) > 0$ とする．

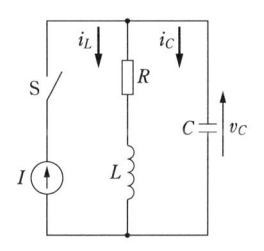

● 図 3・9　演習問題 3 ●

問 4　図 3・10 の回路で，$t = 0$ でスイッチ S を閉じ，交流電圧 $e = E_m \cos \omega t$ を印加した．次の問に答えよ．
(1) 回路電流 i を変数とする回路方程式，および，コンデンサ C（キャパシタ）の電荷 q を変数とする回路方程式を導け．
(2) (1) で導いたそれぞれの回路方程式の定常解 i_s, q_s を求めよ．
(3) 過渡解 i_t, q_t を与える回路方程式の特性方程式が重根を持つ場合の i, q の最終解を求めよ．
(4) $i = dq/dt$ なる関係が成立していることを確かめよ．

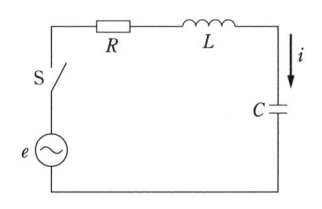

● 図 3・10　演習問題 4 ●

4 章

過渡現象の応用

　過渡現象の応用として，微分回路と積分回路，電気エネルギー蓄積用の素子としてのインダクタ（コイル）やコンデンサ（キャパシタ），および分布定数回路の解析について述べる．これまで学んできた知識が大いに活用される．ただし，これまでの解析と大きく異なる点がある．回路に電源を含まない点である．電流や電圧の基準となる向きが見えにくくなるため，回路方程式の各項の符号（正負）に注意を要する．

1 微分回路と積分回路に応用してみよう

　これまで学んできたように，インダクタ（コイル）やコンデンサ（キャパシタ）の電圧と電流の関係には微分や積分が現れる．この関係をうまく利用してやれば，電気信号の微分や積分は容易に得ることが出来そうである．

〔1〕 微分回路

　ここでは，**図 4・1** に示す回路を考える．端子電圧 e と回路に流れる電流 i の関係は

$$e = \frac{1}{C}\int i\,dt \tag{4・1}$$

で与えられる．両辺を t で微分して整理すれば

$$i = C\frac{de}{dt} \tag{4・2}$$

を得る．この電流を電流計 A で測定してやれば e の微分値を得る．しかし，オシロスコープなど，電気信号の波形を観測する装置は，一般的に電圧を測定している．e と同じ電圧値として測定したいときはどうすればよいか．**図 4・2** に示す

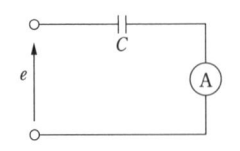

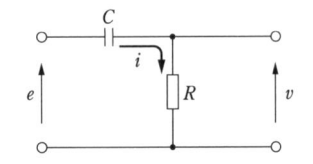

● 図 4・1　微分回路の基本 ●　　　● 図 4・2　コンデンサを用いた微分回路 ●

ように，回路の電流 i の大きさに影響を与えない十分小さな抵抗 R を接続し，この端子電圧を測定したらどうだろう．

$$i \fallingdotseq C\frac{de}{dt}, \quad v = Ri \fallingdotseq CR\frac{de}{dt} \tag{4・3}$$

となり，電圧 e の微分値を電圧として得たことになる．ここで，「十分小さな抵抗値」の意味を考えたい．図 4・2 の厳密な回路方程式は

$$e = \frac{1}{C}\int i dt + Ri \tag{4・4}$$

で与えられる．「十分小さな抵抗値」とは式（4・4）の右辺第 2 項が右辺第 1 項に比較して十分小さな値となることを意味している．すなわち

$$\frac{1}{C}\int i dt \gg Ri \quad \text{書き換えると} \quad \int i dt \gg (CR)\cdot i$$

この式から「時定数 CR が，注目する時間幅（測定しようとしている時間幅）に比べて十分小さいときに近似が成立する」といえる．

RL 回路でも同様に微分回路を構成できる．**図 4・3** の回路で，時定数 L/R を十分小さく取れば，出力電圧 v は

$$v \fallingdotseq \frac{L}{R}\frac{de}{dt} \tag{4・5}$$

となり，微分回路となる．ただし，インダクタ（コイル）は工業製品としての汎用性に乏しく，図 4・3 の回路は一般的ではない．

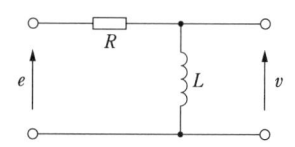

● 図 4・3　インダクタを用いた微分回路 ●

〔2〕**積分回路**

工業製品として汎用的なコンデンサ（キャパシタ）を使い，積分回路を得たい．どうすればよいだろうか．微分回路と全く逆のことをやれば積分回路になりそうである．すなわち，図 4・3 のインダクタ（コイル）をコンデンサ（キャパシタ）に置き換えた，**図 4・4** の回路ではどうだろう．e, i, v の関係は

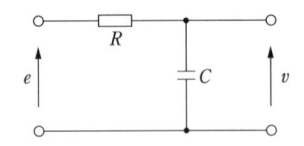

● 図 4・4　コンデンサを用いた積分回路 ●

$$v = \frac{1}{C}\int i\,dt \tag{4・6}$$

$$e = Ri + \frac{1}{C}\int i\,dt \tag{4・7}$$

いま，微分回路と同様，回路の電流 i の大きさに影響を与えないよう容量の十分大きなコンデンサ C（キャパシタ）を選ぶとする．すなわち，式 (4・7) の右辺第 2 項が無視でき，$e \fallingdotseq Ri$ と近似できるものとすると

$$v \fallingdotseq \frac{1}{CR}\int e\,dt \tag{4・8}$$

となり，e の積分値を得た．ここでも「容量の十分大きなコンデンサ（キャパシタ）」の意味が重要となる．すなわち

$$Ri \gg \frac{1}{C}\int i\,dt \quad 書き換えると \quad (CR)\cdot i \gg \int i\,dt$$

この式から「時定数 CR が，注目する時間幅（測定しようとしている時間幅）に比べて十分大きいときに近似が成立する」といえる．

〔3〕 **積分回路の応用例** ■ ■ ■

積分回路の応用例として，非接触で導線に流れる電流を測定する装置を紹介しておこう．**図 4・5** のように，電流を測定したい導線の周囲を囲んでコイルを設置する．このインダクタ（コイル）は一般に**ロゴスキーコイル**と呼ばれている．設置位置がずれても測定値に影響が出ないように工夫されている．ロゴスキーコイルの鎖交磁束は導線の電流 i に比例する．いま比例定数を k とおけば

$$\Phi = ki \tag{4・9}$$

ロゴスキーコイルに発生する電圧 e は，Φ を微分した値であるので

$$e = \frac{d\Phi}{dt} = k\frac{di}{dt} \tag{4・10}$$

を得る．したがって，電流 i を測定したいとき，e を積分する必要がある．前述

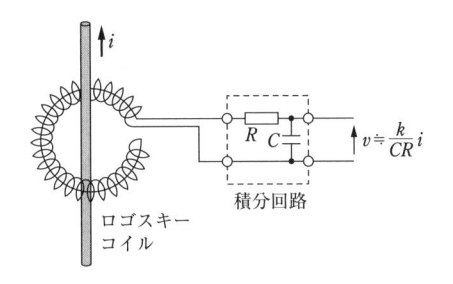

●図4・5　非接触電流測定装置●

の積分回路を使用すれば，最も単純にこの目的を達成できる．ここで注意したいのは，「$CR \gg$（注目する時間幅）」なる条件と出力電圧である．この条件を満たすことで良好な積分特性を得ようとすると，出力電圧は当然小さくなる．増幅器を応用するなど，対策が必要な場合もあるだろう．

② 電気エネルギーの蓄積に応用してみよう

インダクタ（コイル）やコンデンサ（キャパシタ）がエネルギーを蓄える素子であることはすでに述べた．本節ではこのエネルギーの放出現象について考察する．

〔1〕インダクタ（コイル）のエネルギー放出

図4・6のように，インダクタ L（コイル）に I なる電流を流しておいた状態から，$t=0$ で電源を切り離し，負荷抵抗 R を接続した場合を考える．このような理想的なスイッチが存在するかどうかは，ここでは議論しないことにする．回路電流 i を未知数とする回路方程式は式 (4・11) で与えられる．

$$L\frac{di}{dt} + Ri = 0 \qquad (4 \cdot 11)$$

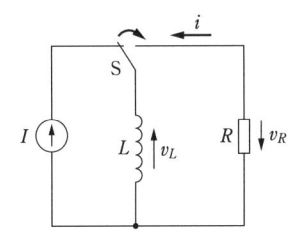

●図4・6　インダクタのエネルギー放出現象●

これまでの回路方程式は,「電源電圧が各素子の電圧降下の和とつりあっている」ということで直感的に理解できた.式 (4·11) はどうだろう.図 4·6 と見比べると,「同じ方向の電圧を足し合わせると 0 となる」という矛盾に落ちいってしまう.電流の向きは正しい.抵抗 R の電圧降下の向きは規則どおりに表現した.インダクタ L（コイル）の電圧降下の向きも規則どおりに表現した.何が矛盾の原因か.答えは,おそらく,電圧降下をすべて正の値と思い込んでいることにある.規則どおりに書いた矢印で表した電圧降下は,負の値となりえることを直感的に理解できていないのではないか.この場合は,インダクタ L（コイル）の電圧降下 v_L が負の値となる.すなわち,回路に流れる電流は時間とともに減少するから $L(di/dt)$ は負の値となる.v_R は正の値となるので,結局は,$-v_L$ と v_R がつりあっていることになる.しかしながら,図 4·6 の v_L の矢印の向きを逆向きに表示するのは間違いである.この点は十分認識してほしい.

ここまでくれば,式 (4·11) を解くのは容易のはずである.一般解は

$$i = Ae^{-\frac{R}{L}t} \tag{4·12}$$

初期条件は,$t=0$ で $i=I$.求める解は式 (4·13) となる.

$$i = Ie^{-\frac{R}{L}t} \tag{4·13}$$

また,v_R と v_L は式 (4·14) となる.

$$v_R = Ri = RIe^{-\frac{R}{L}}, \quad v_L = -v_R = -RIe^{-\frac{R}{L}t} \tag{4·14}$$

図 4·7 に i,v_R,v_L の時間変化を示す.v_R は正,v_L は負の値で互いにつりあっている様子がよくわかるだろう.

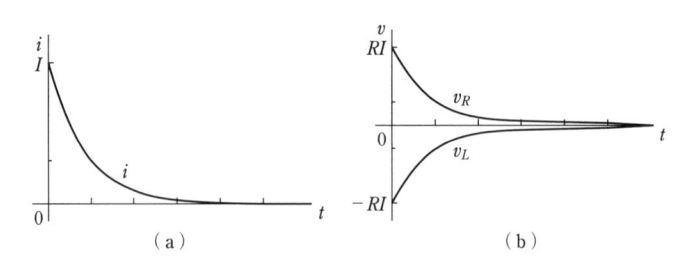

● 図 4·7 i,v_R,v_L の時間変化 ●

次に，抵抗 R による消費エネルギー W_R を求めてみよう．

$$W_R = \int_0^\infty v_R i dt = RI^2 \int_0^\infty e^{-\frac{2R}{L}t} dt = \frac{1}{2}LI^2 \tag{4・15}$$

このように，W_R は $t=0$ のスイッチ操作前にコイルに蓄えられていたエネルギーに等しい．スイッチ操作後には，蓄えられた電磁エネルギーが抵抗によって熱エネルギーとして消費されたことがわかる．

〔2〕 コンデンサ（キャパシタ）のエネルギー放出

図 4・8 のように，コンデンサ C（キャパシタ）に E なる電圧を印加しておいた状態から，$t=0$ で電源を切り離し，負荷抵抗 R を接続した場合を考える．この場合のスイッチ操作は，前述のコイルの場合とは異なり，容易に実現できる．電源の切り離しの際に電流が流れないことと，電極間の電位差が 0 であることによる．

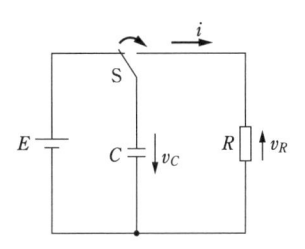

● 図 4・8 コンデンサのエネルギー放出現象 ●

未知数を回路電流 i として回路方程式を立てると

$$Ri + \frac{1}{C}\int i dt = 0 \tag{4・16}$$

両辺を t で微分して

$$R\frac{di}{dt} + \frac{1}{C}i = 0 \tag{4・17}$$

初期条件は $t=0$ で $i = E/R$．求める解は

$$i = \frac{E}{R}e^{-\frac{t}{CR}} \tag{4・18}$$

また，コンデンサの電荷 q は，式 (4・16) から

$$q = \int i dt = -CRi = -CEe^{-\frac{t}{CR}} \tag{4・19}$$

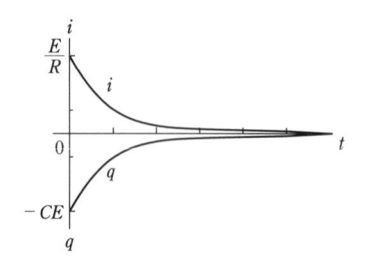

● 図4・9 i と q の時間変化 ●

図4・9に i と q の時間変化を示す．q が負の値になる点に注意したい．
次に，抵抗 R による消費エネルギー W_R を求めてみよう．

$$W_R = \int_0^\infty Ri^2 dt = \frac{E^2}{R} \int_0^\infty e^{-\frac{2t}{CR}} dt = \frac{1}{2}CE^2 \tag{4・20}$$

W_R は $t=0$ のスイッチ操作前にコンデンサ（キャパシタ）に蓄えられていたエネルギーに等しい．スイッチ操作後には，蓄えられた静電エネルギーが抵抗によって熱エネルギーとして消費されたことがわかる．

③ 伝送線路の解析に応用してみよう

今までの学習では，素子と素子を接続する導線の長さが十分短く，場所により電圧や電流の値が変化しないものと仮定して扱ってきた．このような回路を集中定数回路と呼んでいる．ところが，電話線や送電線のように，扱っている電気信号の波長に比べて伝送線路の長さが無視できないような場合には，場所によって電圧値や電流値が異なってくる．このような回路を**分布定数回路**と呼んでいる．分布定数回路を構成する伝送線路には，導線の太さやその配置等により決定される重要な特性パラメータが存在する．この特性パラメータは，伝送線路を集中定数素子の等価回路に置き換えて過渡解析すればうまく把握できる．ここでは伝送線路の重要な特性パラメータである「**伝播速度**」と「**特性インピーダンス**」という2定数について考察してみよう．

ここでは，損失のない線路を考える．この線路を距離 Δx に細分し，その1区画の2導線が有する浮遊インダクタンスを ΔL，2導線間の浮遊容量を ΔC とおく．この線路は，図4・10に示すように等価的に ΔL と ΔC の回路で表すことが出来るだろう．n 番目の ΔC の端子電圧を v_n，この ΔC に流入する電流を i_n，流

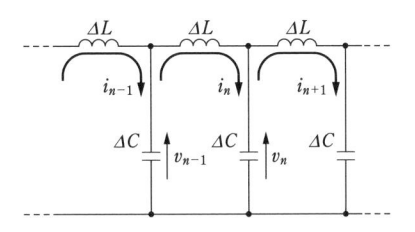

● 図 4・10　伝送線路の等価回路 ●

出する電流を i_{n+1} とおく．すると，式 (4·21)，式 (4·22) が成立する．

$$v_{n-1} - v_n = \Delta L \frac{di_n}{dt} \tag{4·21}$$

$$i_n - i_{n+1} = \Delta C \frac{dv_n}{dt} \tag{4·22}$$

式 (4·21) 及び式 (4·22) の両辺を Δx で割ると

$$\frac{v_{n-1} - v_n}{\Delta x} = \frac{\Delta L}{\Delta x} \frac{di_n}{dt}$$

$$\frac{i_n - i_{n+1}}{\Delta x} = \frac{\Delta C}{\Delta x} \frac{dv_n}{dt}$$

を得る．ここで，$\Delta L/\Delta x$，$\Delta C/\Delta x$ はそれぞれ単位長さあたりのインダクタンスおよび容量を表す．これを L，C とおけば

$$\frac{v_{n-1} - v_n}{\Delta x} = L \frac{di_n}{dt}$$

$$\frac{i_n - i_{n+1}}{\Delta x} = C \frac{dv_n}{dt}$$

次に，距離 Δx を無限に小さくしていった場合を考える．このとき，サフィックス n や $n+1$ といった離散的な表示は，距離 x の連続的な関数として捉えることになる．すなわち，$\Delta x \to 0$ の極限では，式 (4·23)，式 (4·24) が成立する．

$$-\frac{\partial v(t,x)}{\partial x} = L \frac{\partial i(t,x)}{\partial t} \tag{4·23}$$

$$-\frac{\partial i(t,x)}{\partial x} = C \frac{\partial v(t,x)}{\partial t} \tag{4·24}$$

これらの式で，偏微分としたのは，変数 t に加えて，サフィックスの代わりの新たな変数 x が追加されたことによる．式 (4·23) の両辺を x でさらに微分すると

$$-\frac{\partial^2 v}{\partial x^2} = L\frac{\partial}{\partial t}\left(\frac{\partial i}{\partial x}\right)$$

上式に式 (4·24) を代入し，整理すると式 (4·25) を得る．

$$\frac{\partial^2 v}{\partial x^2} = LC\frac{\partial^2 v}{\partial t^2} \tag{4·25}$$

全く同様に，式 (4·24) の両辺を x で微分し，式 (4·23) を代入して整理すれば式 (4·26) を得る．

$$\frac{\partial^2 i}{\partial x^2} = LC\frac{\partial^2 i}{\partial t^2} \tag{4·26}$$

式 (4·25) および式 (4·26) はいわゆる**波動方程式**と呼ばれているもので，その解は一般に式 (4·27)，式 (4·28) で与えられる．

$$v = F\left(x - \frac{t}{\sqrt{LC}}\right) + G\left(x + \frac{t}{\sqrt{LC}}\right) \tag{4·27}$$

$$i = f\left(x - \frac{t}{\sqrt{LC}}\right) + g\left(x + \frac{t}{\sqrt{LC}}\right) \tag{4·28}$$

F と f が x の正方向に伝わる波を表し，G と g が負方向に伝わる波を表している．これらの式から伝送線路の**伝播速度** v_p と**特性インピーダンス** Z_0 は式 (4·29)，式 (4·30) で与えられることが導かれる．ここでは詳細な説明を省く．

$$v_P = \frac{1}{\sqrt{LC}} \tag{4·29}$$

$$Z_0 = \sqrt{\frac{L}{C}} \tag{4·30}$$

次に，実際に用いられている伝送線路の伝播速度 v_p と特性インピーダンス Z_0 の具体例を紹介しておこう．伝送線路として，同軸ケーブルを取りあげる．この線路の単位長さあたりの L と C は次式で与えられる．

$$L = \frac{\mu_0}{2\pi}\log_e\frac{r_0}{r_i} \tag{4·31}$$

$$C = \frac{2\pi\varepsilon_r\varepsilon_0}{\log_e(r_0/r_i)} \tag{4·32}$$

r_i：中心導体の外径，r_0：外部導体の内径，μ_0：真空の透磁率，ε_0：真空の誘電率，ε_r：絶縁体の比誘電率

式 (4・31)，式 (4・32) を式 (4・29) および式 (4・30) に代入すれば，伝播速度 v_p と特性インピーダンス Z_0 を得る．

$$v_P = c/\sqrt{\varepsilon_r} \tag{4・33}$$

$$Z_0 = \frac{377}{\sqrt{\varepsilon_r}} \log_e \frac{r_0}{r_i} \tag{4・34}$$

c：光速

以上述べたように，伝送線路を集中定数素子の等価回路に置き換えて過渡解析してやれば，重要な特性パラメータを把握できることがわかる．

まとめ

- コンデンサ（キャパシタ）と抵抗を使用して，容易に微分回路や積分回路を構成できる．ただし，微分回路では時定数 CR を十分小さくする必要があり，積分回路では時定数 CR を十分大きくする必要がある．
- インダクタ（コイル）やコンデンサ（キャパシタ）の電気エネルギー蓄積過程，電気エネルギー放出過程ともに1階微分方程式で記述され，その過渡解は指数関数となる．
- 分布定数回路を構成する伝送線路の特性パラメータは，伝送線路を集中定数素子の等価回路に置き換えて過渡解析すればうまく把握できる．

演習問題

問1 図 4・11 の回路で，コンデンサ C（キャパシタ）は電圧 E_0 に充電されている．$t = 0$ でスイッチ S を閉じ，t_1 秒後に C の端子電圧を測定したら E_1 であった．コンデンサ（キャパシタ）の静電容量 C を求めよ．

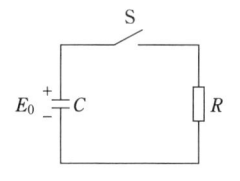

● 図 4・11 演習問題1 ●

問 2 図 4・12 の回路で，コンデンサ C_1（キャパシタ）は電圧 E_0 に充電され，コンデンサ C_2（キャパシタ）は充電されていない．$t = 0$ でスイッチ S を閉じたときの，コンデンサ C_2（キャパシタ）の端子電圧 v の時間変化を求めよ．この端子電圧の絶対値はどの程度の大きさまで達しえるか．またそれはどのようなときか．C_1 と C_2 の大きさを比較して論じよ．

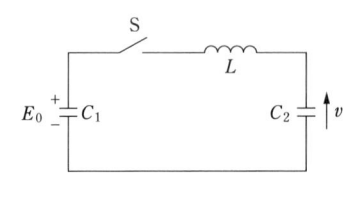

● 図 4・12　演習問題 2 ●

問 3 問 2 とは異なり，コンデンサ C_1，C_2（キャパシタ）とも図 4・13 に示す極性で電圧 E_0 に充電されていた．$t = 0$ でスイッチ S を閉じたときの，コンデンサ C_2（キャパシタ）の端子電圧 v の時間変化を求めよ．この端子電圧の絶対値はどの程度の大きさまで達しえるか．またそれはどのようなときか．C_1 と C_2 の大きさを比較して論じよ．

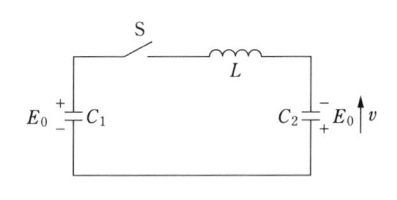

● 図 4・12　演習問題 3 ●

問 4 図 4・10 の伝送線路の等価回路に，導線の抵抗が加わった場合を考察しよう．単位長さあたりの抵抗値を R 〔Ω/m〕とし，ΔL に対して直列に ΔR（$= R\Delta x$）を接続した場合を考える．このとき，式 (4・25) および式 (4・26) に相当する方程式を導け．

5章
ラプラス変換とは

　5〜8章では，電気回路の過渡現象を解析するために有効なラプラス変換について学習する．まず5章では，ラプラス変換/ラプラス逆変換の定義，基本関数のラプラス変換および回路解析の基本となる諸定理について学ぶ．ラプラス変換を用いた電気回路の過渡現象の解析方法は，6章以降で詳しく学ぶ．本書では，数学的に厳密な取り扱いは行わず，電気回路の過渡現象を解析するための数学的な道具として必要なラプラス変換の基本的事項を述べる．まず，重要な関数のラプラス変換とラプラス逆変換を行うための手法を学ぼう．

1 ラプラス変換の定義を学ぼう

複素変数 s（時間 t に無関係）を導入し

$$\mathscr{L}[f(t)] = \int_0^\infty f(t)e^{-st}dt = F(s) \tag{5・1}$$

の定積分を求め，時間領域の t 関数 $f(t)$ をラプラス領域の s 関数 $F(s)$ に変換することを，**ラプラス変換**（Laplace transform）と言う．

　また，ある s 関数 $F(s)$ から，この関数に対応する t 関数 $f(t)$ を求めることを，**ラプラス逆変換**と言い，数学的には式（5・2）で定義される．

$$\mathscr{L}^{-1}[F(s)] = \frac{1}{2\pi j}\int_{\sigma-j\infty}^{\sigma+j\infty} F(s)e^{st}ds = f(t) \tag{5・2}$$

複素変数 s は，ラプラス演算子と呼ばれ

$$s = \sigma + j\omega \tag{5・3}$$

と表す．ただし，σ および ω は実数である．

　ラプラス変換によって電気回路の過渡現象を解析するには，2つのアプローチがある．第1の方法の手順を以下に示す．

(1) 与えられた電気回路に対して，キルヒホッフの法則を適用して，回路方程式を立てる（インダクタ（コイル），コンデンサ（キャパシタ）を含む回路では，微分方程式，積分方程式または微積分方程式となる）．

(2) 得られた回路方程式をラプラス変換することによって，代数方程式に変換する．
(3) 代数計算を行うことにより，求めたい t 関数に対応する s 関数を求める．
(4) その s 関数をラプラス逆変換することによって，t 関数の解を求める．

この手順を用いた解法の詳細は，6 章で学ぶ．

第 2 の解法は以下の手順で行う．

(1) 与えられた電気回路を，**ラプラス領域（s 領域）の等価回路**に変換する．
(2) 変換されたラプラス領域の等価回路に対して，キルヒホッフの法則を適用して，回路方程式を立てる．ここで得られる回路方程式は代数方程式である．
(3) 代数計算を行うことにより，求めたい t 関数に対応する s 関数を求める．
(4) その s 関数をラプラス逆変換することによって，t 関数の解を求める．

この手順を用いた解き方の詳細は，7 章で学ぶ．

上記のいずれの方法でも，t 関数 $f(t)$ と s 関数 $F(s)$ は 1 対 1 に対応する．そのためラプラス逆変換は，式 (5・2) で定義した計算をその都度行う必要はなく，**表 5・1** に示すラプラス変換表を用いて求めることができる．表 5・1 に主な関数の t 関数 $f(t)$ と s 関数 $F(s)$ の関係を示す．表 5・1 に掲載されていない特殊な関数のラプラス変換とその逆変換の対応は，巻末に示した参考文献を参照されたい．

● 表 5・1 ラプラス変換表 ●

$f(t)$	$F(s)$
$\delta(t)$	1
$u(t)$	$\dfrac{1}{s}$
t	$\dfrac{1}{s^2}$
$e^{\mp at}$	$\dfrac{1}{s \pm a}$
$\sin \omega t$	$\dfrac{\omega}{s^2+\omega^2}$
$\cos \omega t$	$\dfrac{s}{s^2+\omega^2}$
$te^{\mp at}$	$\dfrac{1}{(s \pm a)^2}$

2 ラプラス変換の基本定理について考えよう

ここでは,まず電気回路の過渡現象を解析するために必要となる基本的な関数のラプラス変換を求めておこう.さらに,6章以降で必要となる重要な基本定理についても学ぼう.

〔1〕 単位ステップ関数 $u(t)$ のラプラス変換

直流電源を印加した直後の電気回路の過渡現象を解析するとき,図 5・1 に示した**単位ステップ関数**(unit step function:$u(t)$)を用いると便利である.式 (5・4) で定義される単位ステップ関数 $u(t)$ のラプラス変換を求めよう.

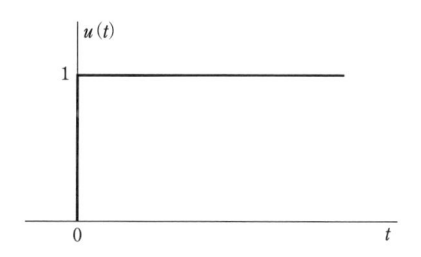

● 図 5・1 単位ステップ関数 ●

$$\left.\begin{array}{l}u(t)=0 \ (t<0) \\ u(t)=1 \ (t\geq 0)\end{array}\right\} \tag{5・4}$$

ラプラス変換の定義式(式 (5・1))より,単位ステップ関数のラプラス変換は

$$\begin{aligned}\mathscr{L}[u(t)] &= \int_0^\infty u(t)e^{-st}dt \\ &= \int_0^\infty 1\cdot e^{-st}dt \\ &= \left[-\frac{1}{s}e^{-st}\right]_0^\infty \\ &= \frac{1}{s}\end{aligned} \tag{5・5}$$

となる.ただし,このとき複素変数 s の実数部 σ は正であることに注意しよう.

〔2〕 導関数のラプラス変換

一般に,インダクタ(コイル)を含む電気回路の過渡現象を解析するとき,回路方程式の中に導関数が現れる.そこで導関数 $f'(t)$ のラプラス変換を,部分積分法を用いて求めよう.

$$\int_a^b X(t)Y'(t)dt = [X(t)Y(t)]_a^b - \int_a^b X'(t)Y(t)dt$$

$$Y(t) = \int e^{-st}dt = -\frac{e^{-st}}{s}$$

$$X(t) = f(t) \tag{5・6}$$

として，まず，$f(t)$ のラプラス変換を求めよう．ここで，式 (5・6) の積分範囲は，$a = 0$，$b = \infty$ とする．

$$\begin{aligned}
\mathscr{L}[f(t)] &= \int_0^\infty f(t)e^{-st}dt \\
&= \int_0^\infty X(t)Y'(t)dt \\
&= [X(t)Y(t)]_0^\infty - \int_0^\infty X'(t)Y(t)dt \\
&= \left[f(t)\cdot\left(-\frac{e^{-st}}{s}\right)\right]_0^\infty + \frac{1}{s}\int_0^\infty f'(t)e^{-st}dt \\
&= \left(0 + \frac{f(0)}{s}\right) + \frac{1}{s}\int_0^\infty f'(t)e^{-st}dt \\
&= \frac{1}{s}\cdot\mathscr{L}[f'(t)] + \frac{f(0)}{s} = F(s)
\end{aligned} \tag{5・7}$$

ここで

$$\lim_{t\to\infty} f(t)e^{-st} = 0$$

である．したがって，導関数 $f'(t)$ のラプラス変換は

$$\mathscr{L}[f'(t)] = sF(s) - f(0) \tag{5・8}$$

となることがわかる．式 (5・8) の右辺の項，$f(0)$ は初期値を表している．式 (5・8) から分かるように，ラプラス変換を行うことによって，初期値は自動的に考慮される．

〔3〕 **不定積分のラプラス変換**

一般に，コンデンサ（キャパシタ）を含む電気回路の過渡現象を解析するとき，回路方程式の中に不定積分が現れる．そこで不定積分 $\int f(t)dt$ のラプラス変換も，部分積分法を用いて求めてみよう．

$$\int_a^b X'(t)Y(t)dt = [X(t)Y(t)]_a^b - \int_a^b X(t)Y'(t)dt$$

$$X(t) = \int f(t)dt$$
$$Y(t) = e^{-st} \tag{5・9}$$

として，まず，$f(t)$ のラプラス変換を求めよう．ここで，式 (5・9) における積分範囲は $a = 0$，$b = \infty$ とする．

$$\begin{aligned}
\mathscr{L}[f(t)] &= \int_0^\infty f(t)e^{-st}dt \\
&= \int_0^\infty X'(t)Y(t)dt \\
&= [X(t)Y(t)]_0^\infty - \int_0^\infty \left\{\int f(t)dt\right\}(-se^{-st})dt \\
&= \left[\left\{\int f(t)dt\right\}e^{-st}\right]_0^\infty + s\int_0^\infty \left\{\int f(t)dt\right\}e^{-st}dt \\
&= (0 - X(0)) + s\int_0^\infty \left\{\int f(t)dt\right\}e^{-st}dt \\
&= s\mathscr{L}\left[\int f(t)dt\right] - X(0) = F(s) \tag{5・10}
\end{aligned}$$

ここで

$$\lim_{t\to\infty}\left\{\int f(t)dt\right\}e^{-st} = 0$$

である．したがって，不定積分のラプラス変換は

$$\mathscr{L}\left[\int f(t)dt\right] = \frac{1}{s}F(s) + \frac{X(0)}{s} \tag{5・11}$$

となる．式 (5・11) の右辺の $X(0)/s$ は，初期値を意味する．コンデンサ（キャパシタ）を含む電気回路の過渡現象を解析するとき，$X(0)$ はコンデンサ（キャパシタ）の初期電荷に相当する．コンデンサ（キャパシタ）が存在する電気回路のラプラス変換を用いた解法は，6 章で考えよう．

〔4〕 **加法定理**

関数 $f(t)$ のラプラス変換を $F(s)$，関数 $g(t)$ のラプラス変換を $G(s)$ とすると

$$\mathscr{L}[f(t) + g(t)] = \mathscr{L}[f(t)] + \mathscr{L}[g(t)] = F(s) + G(s) \tag{5・12}$$

が成り立つ．これを**加法定理**（addition theorem）という．この定理はラプラス変換の定義式および積分の定理を用いれば，容易に証明できる．

〔5〕 **推移定理**

関数 $f(t)$ のラプラス変換を $F(s)$ とすると，時間 t が a だけ遅れた関数 $f(t-a)$ のラプラス変換 $F(s-a)$ は

$$\mathscr{L}[f(t-a)] = e^{-sa}F(s) \tag{5・13}$$

が成り立つ．これを**推移定理**（shifting theorem）という．この定理を証明するために，$f(t-a)$ のラプラス変換を考えよう．

$$\mathscr{L}[f(t-a)] = \int_0^\infty f(t-a)e^{-st}dt \tag{5・14}$$

式 (5・14) の $(t-a)$ を新たな変数 τ（$\tau = t-a$）として，ラプラス変換を行うと

$$\int_0^\infty f(t-a)e^{-st}dt = \int_{-a}^\infty f(\tau)e^{-s(\tau+a)}d\tau = \int_{-a}^\infty f(\tau)e^{-s\tau}e^{-sa}d\tau = e^{-sa}\int_0^\infty f(\tau)e^{-s\tau}d\tau \tag{5・15}$$

となる．したがって，式 (5・13) の推移定理が成り立つ．

〔6〕 **三角関数のラプラス変換** ■ ■ ■

電気・電子回路では交流信号が印加されることが多く，とくに交流信号として正弦波交流電圧・電流がきわめて多く取り扱われる．そこで，三角関数 $f(t) = \sin \omega t$ および $f(t) = \cos \omega t$ のラプラス変換を求めよう．

オイラー（Euler）の公式を用いて，三角関数を指数関数に変換してから，ラプラス変換を行うと（加法定理を用いる）

$$\begin{aligned}
\mathscr{L}[\sin \omega t] &= \mathscr{L}\left[\frac{1}{2j}\left(e^{j\omega t} - e^{-j\omega t}\right)\right] \\
&= \frac{1}{2j}\left\{\int_0^\infty e^{j\omega t}e^{-st}dt - \int_0^\infty e^{-j\omega t}e^{-st}dt\right\} \\
&= \frac{1}{2j}\left\{\int_0^\infty e^{-(s-j\omega)t}dt - \int_0^\infty e^{-(s+j\omega)t}dt\right\} \\
&= \frac{1}{2j}\left(\frac{1}{s-j\omega} - \frac{1}{s+j\omega}\right) = \frac{1}{2j}\frac{2j\omega}{s^2+\omega^2} = \frac{\omega}{s^2+\omega^2}
\end{aligned} \tag{5・16}$$

となる．同様に

$$\begin{aligned}
\mathscr{L}[\cos \omega t] &= \mathscr{L}\left[\frac{1}{2}\left(e^{j\omega t} + e^{-j\omega t}\right)\right] \\
&= \frac{1}{2}\left\{\int_0^\infty e^{j\omega t}e^{-st}dt + \int_0^\infty e^{-j\omega t}e^{-st}dt\right\} \\
&= \frac{1}{2}\left\{\int_0^\infty e^{-(s-j\omega)t}dt + \int_0^\infty e^{-(s+j\omega)t}dt\right\} \\
&= \frac{1}{2}\left(\frac{1}{s-j\omega} + \frac{1}{s+j\omega}\right) = \frac{1}{2}\frac{2s}{s^2+\omega^2} = \frac{s}{s^2+\omega^2}
\end{aligned} \tag{5・17}$$

となる．双曲線関数に関しても同様に，指数関数に変換することによって，容易にラプラス変換を行うことができる．

3 ラプラス逆変換について考えよう

ラプラス逆変換は，式 (5・2) で定義される．すでに述べたように，電気回路の過渡現象を解析するとき，定義式に従ってラプラス逆変換を行う必要はなく，解析に必要なラプラス逆変換は，すでに用意されているラプラス変換表 (表 5・1) を参照すれば求めることができる．

しかしながら，基本的な関数に対するラプラス変換/ラプラス逆変換の関係を示したラプラス変換表のみでは，直ちにラプラス逆変換できない問題も多い．一見，ラプラス変換表からラプラス逆変換を求められないように見える関数の形となっている問題でも，ある操作を行うことでラプラス変換表より，ラプラス逆変換が行える．これらの問題を取り扱うため，s 関数の和の形に分解（部分分数に分解）する方法を考えよう．

電気回路で扱う多くの問題は

$$F(s) = A(s)/B(s) \qquad (5\cdot 18)$$

[$A(s)$, $B(s)$ ともに s の多項式，s に関して $A(s)$ は $B(s)$ より低次]

の形となる．式 (5・18) のままでは直接，ラプラス逆変換を求めることが難しい場合，部分分数分解を行った後，ラプラス変換表を用いよう．

〔1〕 重根を含まないとき

まず，式 (5・18) の分母 $B(s)$ に重根を含まない n 個の単根 b_1, b_2, b_3, $\cdots$ b_n の場合を考えよう．式 (5・18) の中の $B(s)$ は

$$B(s) = (s-b_1)(s-b_2)(s-b_3)\cdots(s-b_n) \qquad (5\cdot 19)$$

と，因数分解できる．$F(s)$ は未定な定数を，a_1, a_2, $a_3\cdots a_n$ とし

$$\frac{A(s)}{B(s)} = \frac{a_1}{s-b_1} + \frac{a_2}{s-b_2} + \frac{a_3}{s-b_3} + \cdots + \frac{a_n}{s-b_n} \qquad (5\cdot 20)$$

と部分分数に分解する．

以下，具体的な例を用いて，部分分数の分解法を考えよう．ここでは，関数 $F(s) = \dfrac{1}{(s-a)(s-b)(s-c)}$ のラプラス逆変換を求めてみよう．まず，式 (5・20) を参照して

$$\frac{1}{(s-a)(s-b)(s-c)} = \frac{k_1}{s-a} + \frac{k_2}{s-b} + \frac{k_3}{s-c} \tag{5・21}$$

に分解しよう．まず，式 (5・21) の未定な定数 k_1 を求めてみよう．

式 (5・21) の両辺に $(s-a)$ を掛けると

$$\frac{1}{(s-b)(s-c)} = k_1 + \frac{k_2(s-a)}{s-b} + \frac{k_3(s-a)}{s-c} \tag{5・22}$$

となる．ここで $s=a$ を代入すれば，式 (5・22) の右辺は k_1 のみとなる．したがって

$$k_1 = \frac{1}{(a-b)(a-c)} \tag{5・23}$$

が得られる．未定な定数 k_2，k_3 に対しても上記と同じ操作を行うと

$$k_2 = \frac{1}{(b-a)(b-c)} \tag{5・24}$$

$$k_3 = \frac{1}{(c-a)(c-b)} \tag{5・25}$$

が得られる．得られた定数を式 (5・21) に代入すると

$$\frac{1}{(s-a)(s-b)(s-c)} = \frac{1}{(a-b)(a-c)}\frac{1}{s-a} + \frac{1}{(b-a)(b-c)}\frac{1}{s-b} + \frac{1}{(c-a)(c-b)}\frac{1}{s-c} \tag{5・26}$$

となる．ラプラス変換表を参照して，式 (5・26) の右辺をラプラス逆変換すると

$$f(t) = \mathscr{L}^{-1}[F(s)] = \frac{1}{(a-b)(a-c)}e^{at} + \frac{1}{(b-a)(b-c)}e^{bt} + \frac{1}{(c-a)(c-b)}e^{ct} \tag{5・27}$$

となる．以上のように，当初の関数 $F(s)$ は，直ちにラプラス逆変換できないが，部分分数に分解することによって，ラプラス逆変換を容易に行うことができる．

[例題 1]

$F(s) = \dfrac{1}{s(s+a)}$ のラプラス逆変換を求めよ．

[解答]

関数 $F(s)$ は，直ちに表 5・1 のラプラス変換表を用いて，ラプラス逆変換す

ることはできない．したがって，部分分数に分解しよう．

分母 $B(s) = s(s+a)$ の根は，0 および $-a$ の単根である．したがって

$$\frac{1}{s(s+a)} = \frac{k_1}{s} + \frac{k_2}{s+a} \tag{5・28}$$

と部分分数に分解しよう．

まず，両辺に $(s+a)$ をかけて，$s = -a$ を代入しよう．

$$\frac{(s+a)}{s(s+a)} = \frac{(s+a)k_1}{s} + \frac{(s+a)k_2}{s+a}$$

$$\frac{1}{s} = \frac{(s+a)k_1}{s} + k_2$$

$$k_2 = -\frac{1}{a} \tag{5・29}$$

次に，両辺に s をかけて，$s = 0$ を代入しよう．

$$\frac{s}{s(s+a)} = \frac{sk_1}{s} + \frac{sk_2}{s+a}$$

$$\frac{1}{s+a} = k_1 + \frac{sk_2}{s+a}$$

$$k_1 = \frac{1}{a} \tag{5・30}$$

得られた定数を k_1, k_2 に代入すると

$$\frac{1}{s(s+a)} = \frac{1}{a}\left(\frac{1}{s} - \frac{1}{s+a}\right) \tag{5・31}$$

となる．部分分数に分解した後の式に対してラプラス変換表を用いて，ラプラス逆変換を行うと

$$f(t) = \mathscr{L}^{-1}[F(s)] = \mathscr{L}^{-1}\left[\frac{1}{a}\left(\frac{1}{s} - \frac{1}{s+a}\right)\right] = \frac{1}{a}(1 - e^{-at}) \tag{5・32}$$

となる．

〔2〕 **重根を含むとき** ■■■

次に，分母 $B(s)$ に重根を含む場合を考えよう．$B(s)$ に n 個の重根 b と単根 c を含むとする．式 (5・18) の中の $B(s)$ は

$$B(s) = (s-b)^n (s-c) \tag{5・33}$$

としよう．このとき，$a_1, a_2 \cdots a_n$ および a_m を定数として

$$\frac{A(s)}{B(s)} = \frac{a_1}{(s-b)^n} + \frac{a_2}{(s-b)^{n-1}} + \cdots \frac{a_n}{(s-b)} + \frac{a_m}{(s-c)} \tag{5・34}$$

のように，部分分数に分解する．

ここでも具体的な例を用いて，部分分数の分解法を考えよう．

関数 $F(s) = \dfrac{s+c}{(s+a)(s+b)^2}$ のラプラス逆変換を求めてみよう．

分母 $(s+a)(s+b)^2$ の根は，単根 $-a$ と二重根 $-b$ である．そこで

$$\frac{s+c}{(s+a)(s+b)^2} = \frac{k_1}{(s+a)} + \frac{k_2}{(s+b)^2} + \frac{k_3}{(s+b)} \tag{5・35}$$

に分数分解し，定数 k_1, k_2 および k_3 を求める．

まず，定数 k_2 を求めてみよう．式 (5・35) の両辺に $(s+b)^2$ を掛けると

$$\frac{s+c}{s+a} = \frac{(s+b)^2}{(s+a)}k_1 + k_2 + (s+b)k_3 \tag{5・36}$$

となる．$s=-b$ とすれば，式 (5・36) の右辺は k_2 のみとなるから

$$k_2 = \frac{-b+c}{-b+a} = \frac{c-b}{a-b} \tag{5・37}$$

となる．

次に，定数 k_3 を求めよう．式 (5・36) の両辺を s で微分すると

$$\frac{(s+a)-(s+c)}{(s+a)^2} = k_3 + \frac{d}{ds}\left\{\frac{(s+b)^2}{s+a}k_1\right\} \tag{5・38}$$

となる．両辺に $s=-b$ を代入すると，式 (5・38) の右辺は k_3 のみとなるから

$$k_3 = \frac{(-b+a)-(-b+c)}{(-b+a)^2} = \frac{-b+a+b-c}{(a-b)^2} = \frac{a-c}{(a-b)^2} \tag{5・39}$$

となる．最後に k_1 を求めてみよう．k_2 を求めた方法と同様に，式 (5・35) の両辺に $(s+a)$ を掛けて，$s=-a$ を代入すれば

$$\frac{s+c}{(s+b)^2} = k_1 + \frac{k_2(s+a)}{(s+b)^2} + \frac{k_3(s+a)}{(s+b)} \tag{5・40}$$

$$k_1 = \frac{c-a}{(b-a)^2} \tag{5・41}$$

が得られる．得られた定数 k_1, k_2 および k_3 を式 (5・35) に代入すると

$$\frac{s+c}{(s+a)(s+b)^2} = \frac{c-a}{(b-a)^2}\frac{1}{s+a} + \frac{c-b}{a-b}\frac{1}{(s+b)^2} + \frac{a-c}{(a-b)^2}\frac{1}{s+b} \quad (5\cdot42)$$

となる．

ラプラス変換表を用いて，式 (5・42) のラプラス逆変換を行うと

$$f(t) = \mathscr{L}^{-1}[F(s)] = \frac{c-a}{(b-a)^2}e^{-at} + \frac{c-b}{a-b}\cdot t\cdot e^{-bt} + \frac{a-c}{(a-b)^2}e^{-bt} \quad (5\cdot43)$$

となる．

まとめ

- 電気回路の過渡現象を解析するために重要なステップ関数，導関数，積分および三角関数のラプラス変換は，ラプラス変換の定義式および基本定理を用いることによって導出できる．
- t 関数と s 関数は一対一に対応するため，ラプラス変換表を用いてラプラス逆変換を行うことができる．
- ラプラス変換表から直ちにラプラス逆変換後の t 関数を求めることができない場合，部分分数に分解することによって，ラプラス逆変換を容易に行うことができる．

演習問題

問1 ランプ (ramp) 関数 $f(t) = At$ のラプラス変換を求めよ．ただし，$t \geq 0$ とする．

問2 $f(t) = e^{at}$ のラプラス変換を求めよ．

問3 $F(s) = \dfrac{1}{s^2(s+1)}$ のラプラス逆変換を求めよ．

6章

ラプラス変換による過渡現象の解き方

　本章では，5章で学んだラプラス変換の基本の諸定理を活用した，電気回路の過渡現象の解析方法を学ぶ．微積分方程式を立て，回路方程式を解く方法は，1章から4章で述べられている．微積分方程式を直接解く方法では，コンデンサC（キャパシタ）およびインダクタL（コイル）の数が増加し，電気回路が複雑になるとその方程式も複雑になり，解を求めることが困難になることがある．また，初期条件を与えなければ最終的な解は求まらない．一方，ラプラス変換を用いる解法では，一見遠回りで煩雑そうに見えるが，代数計算で解が求まり，初期条件も自動的に考慮される特長がある．したがって，比較的複雑な電気回路の過渡現象の解析には，ラプラス変換を用いると有効な場合が多い．本章で，基本的なRC回路，RL回路およびRLC回路の過渡現象を，ラプラス変換によって解く方法を学ぼう．

1 ラプラス変換を用いてRC回路を解いてみよう

　まず，抵抗RとコンデンサC（キャパシタ）を含む，比較的簡単な電気回路を例にしてラプラス変換を用いた過渡現象の解法を考えよう．図$6\cdot1$はRC直列回路である．この回路において，時間$t=0\,[\mathrm{s}]$でスイッチSを閉じ，直流電圧Vを印加するときの電流の変化（過渡現象）を，ラプラス変換を用いて考えよう．ただし，スイッチSを閉じる直前では，コンデンサC（キャパシタ）には電荷は蓄積されていないものとしよう．

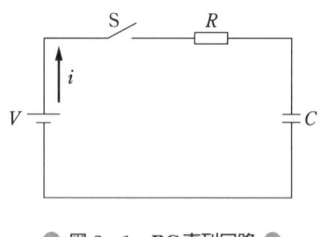

● 図$6\cdot1$　RC直列回路 ●

回路方程式は，キルヒホッフの電圧則より式$(6\cdot1)$のように表される．

1 ラプラス変換を用いて RC 回路を解いてみよう

$$V \cdot u(t) = Ri(t) + \frac{1}{C}\int i(t)dt \tag{6・1}$$

ここで，単位ステップ関数 $u(t)$ は $t=0$ 〔s〕で電圧 V を印加することを表すために導入している．5章で考えた不定積分のラプラス変換を，右辺のコンデンサ C（キャパシタ）での電圧降下に対応する項に適用してみよう．5章の式 (5・11) の関数 $f(t)$ を，電流 $i(t)$ に置き換えるとともに，式 (5・9) で

$$X(t) = \int i(t)dt$$

として，式 (6・1) の右辺の第2項にラプラス変換を行うと

$$\mathscr{L}\left[\frac{1}{C}\int i(t)dt\right] = \frac{1}{sC}I(s) + \frac{q(0)}{sC} \tag{6・2}$$

となる．ここで，$\mathscr{L}[i(t)] = I(s)$ である．式 (5・11) の $X(0)$ は，時間 $t = 0$ 〔s〕のときの電流 $i(t)$ を時間 t で積分した結果であり，コンデンサ（キャパシタ）では初期電荷に相当する．そこで式 (6・2) では初期電荷を $q(0)$ と表した．式 (6・1) に対してラプラス変換を行うと，スイッチ S を閉じる直前にキャパシタ C には電荷は蓄積されていないので，$q(0) = 0$ C として

$$\begin{aligned}\frac{V}{s} &= RI(s) + \frac{I(s)}{sC} \\ &= \left(R + \frac{1}{sC}\right)I(s)\end{aligned} \tag{6・3}$$

となる．これより

$$I(s) = \frac{V}{s} \cdot \frac{1}{R + \frac{1}{sC}} = \frac{V}{R} \cdot \frac{1}{s + \frac{1}{RC}} \tag{6・4}$$

となる．式 (6・4) を，5章の表 5・1 のラプラス変換表を用いて，ラプラス逆変換すると

$$i(t) = \frac{V}{R} e^{-\frac{1}{RC}t} \tag{6・5}$$

が得られる．式 (6・5) は2章で微分方程式を解いて導き出した，RC 直列回路での結果と一致している．

以上のように，ラプラス変換を用いた過渡現象の解法では，回路方程式をラプラス変換することによって代数方程式に変換し，代数計算した後，ラプラス変換

表を用いてラプラス逆変換を行う．この解法を用いることによって，容易に電気回路の過渡現象を解析できることがわかる．

[例題 1]

図 6·2 に示す RC 直列回路において，まず直流電圧源 V によってコンデンサ C（キャパシタ）を十分に充電しておく．その後，時間 $t = 0$ [s] のとき，スイッチ S を端子 a から端子 b へ切り替える．このとき，この RC 直列回路に流れる電流 i を求めよ．

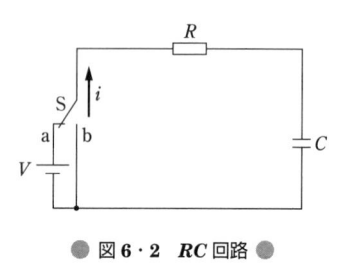

● 図 6·2 　RC 回路 ●

[解答]

定常状態での回路方程式は，キルヒホッフの電圧則より

$$Ri(t) + \frac{1}{C}\int i(t)dt = 0 \tag{6·6}$$

となる．$\mathscr{L}[i(t)] = I(s)$ として，式 (6·6) をラプラス変換すると

$$RI(s) + \frac{1}{sC}I(s) + \frac{q(0)}{sC} = 0 \tag{6·7}$$

となる．この式 (6·7) より $I(s)$ を求めると

$$I(s) = -\frac{\dfrac{q(0)}{sC}}{R + \dfrac{1}{sC}} = -\frac{q(0)}{CR} \cdot \frac{1}{s + \dfrac{1}{RC}}$$

$$= -\frac{CV}{CR}\frac{1}{s + \dfrac{1}{RC}} = -\frac{V}{R}\frac{1}{s + \dfrac{1}{RC}} \tag{6·8}$$

となる．ただし，スイッチ S を切り替える直前まで，コンデンサ（キャパシタ）は十分に充電されているので

$$q(0) = CV$$

である．式 (6·8) の最終結果をラプラス逆変換すると

$$i(t) = -\frac{V}{R}e^{-\frac{1}{RC}t} \tag{6・9}$$

となる．放電電流は，充電電流と逆向きに流れることに注意しよう．

　以上のように，初期条件はラプラス変換することで自動的に考慮されることがわかる．

2　ラプラス変換を用いて RL 回路を解いてみよう

　次に，抵抗 R とインダクタ L（コイル）を含む電気回路の過渡現象を考えよう．**図 6・3** に示す RL 直列回路において，時間 $t = 0$ 〔s〕のときにスイッチ S を閉じ，直流電圧 V を印加する．このとき RL 直列回路の電流 i の変化（過渡現象）を，ラプラス変換を用いて導出しよう．

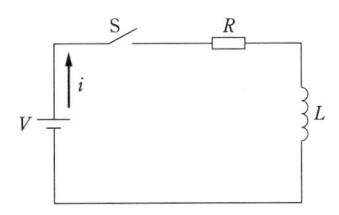

● 図 6・3　RL 直列回路 ●

回路方程式は，キルヒホッフの電圧則を用いると

$$L\frac{di(t)}{dt} + Ri(t) = V \cdot u(t) \tag{6・10}$$

となる．ここで，$u(t)$ は単位ステップ関数であり，$t = 0$〔s〕で電圧 V を印加することを表すために導入している．5 章で考えた導関数のラプラス変換を，左辺のインダクタ L（コイル）での電圧降下に対応する項に適用してみよう．5 章の式 (5・6) の関数 $f(t)$ を電流 $i(t)$ に置き換え，$X(t) = f(t) = i(t)$ として，式 (6・10) の左辺の第 1 項にラプラス変換を行うと

$$\mathscr{L}\left[L\frac{di(t)}{dt}\right] = sLI(s) - Li(0) \tag{6・11}$$

となる．ここで，$\mathscr{L}[i(t)] = I(s)$ である．式 (5・8) の $f(0)$ は，時間 $t = 0$〔s〕のときの電流 $i(0)$ に対応する．

式 (6·10) に対してラプラス変換を行うと

$$sLI(s) - Li(0) + RI(s) = \frac{V}{s} \tag{6·12}$$

となる．ただし，$t = 0$ [s] のとき，この電気回路に電流は流れていないので，$i(0) = 0$ A である．ここで式 (6·12) を式 (6·13) のように変形してみよう．

$$I(s) = \frac{\frac{V}{s}}{sL + R} = \frac{\frac{V}{L}}{s\left(s + \frac{R}{L}\right)} \tag{6·13}$$

式 (6·13) に対しては，ラプラス変換表を用いて，ただちにラプラス逆変換を行うことはできない．そこで式 (6·13) に対して，5 章で学んだ部分分数分解を行うと（5 章の例題 1 を参照）

$$I(s) = \frac{V}{R}\left(\frac{1}{s} - \frac{1}{s + \frac{R}{L}}\right) \tag{6·14}$$

と変形できる．この式 (6·14) に対してラプラス逆変換を行うと

$$i(t) = \frac{V}{R}\left(1 - e^{-\frac{R}{L}t}\right) \tag{6·15}$$

となる．この結果は，2 章で微分方程式を解いて導き出した結果と一致している．

[例題 2]

図 6·4 に示す RL 直列回路において，定常電流が流れている状態から，時間 $t = 0$ [s] のとき，スイッチ S を端子 a から端子 b へ切り替える．このとき電気回路に流れる電流 i を求めよ．

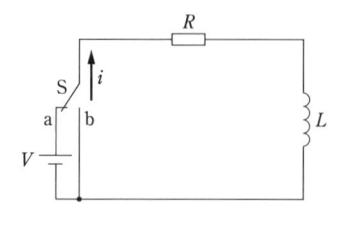

● 図 6·4　RL 回路 ●

[解答]

定常状態での回路方程式は，キルヒホッフの電圧則より

$$Ri(t) + L\frac{di(t)}{dt} = 0 \tag{6・16}$$

となる．$\mathscr{L}[i(t)] = I(s)$ として，式 (6・16) をラプラス変換すると

$$RI(s) + sLI(s) - Li(0) = 0 \tag{6・17}$$

となる．スイッチ S が切り替わる直前では，定常電流が流れている．このときの電流の初期値は

$$i(0) = \frac{V}{R}$$

である．したがって，$I(s)$ は

$$\begin{aligned} I(s) &= \frac{Li(0)}{R+sL} = \frac{i(0)}{s+\dfrac{R}{L}} \\ &= \frac{V}{R} \cdot \frac{1}{s+\dfrac{R}{L}} \end{aligned} \tag{6・18}$$

となる．式 (6・18) をラプラス逆変換すると

$$i(t) = \frac{V}{R}e^{-\frac{R}{L}t} \tag{6・19}$$

が得られる．

3 ラプラス変換を用いて RLC 回路を解いてみよう

抵抗 R，インダクタ L（コイル）およびコンデンサ C（キャパシタ）の 3 つの素子を含む電気回路の過渡現象を解析してみよう．図 **6・5** の RLC 直列回路に直流電圧 V を，時間 $t = 0 \text{[s]}$ に印加したときの過渡現象を，ラプラス変換を用いた解法で考えよう．この問題では，スイッチ S が閉じられる直前には，コンデンサ（キャパシタ）に初期電荷は存在しないとしよう．

まず，キルヒホッフの電流則を用いて回路方程式を立てると

$$L\frac{di(t)}{dt} + Ri(t) + \frac{1}{C}\int i(t)\,dt = V \cdot u(t) \tag{6・20}$$

となる．この回路方程式を直接解く方法は 3 章で学んだ．ここでは式 (6・20)

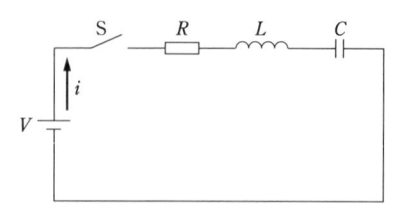

● 図 6・5　*RLC* 直列回路　●

を，ラプラス変換してみよう．いままで学んだ，*RC* 回路と *RL* 回路の解法を参考にすれば，容易に式 (6・20) のラプラス変換が式 (6・21) のように求まる．

$$sLI(s) - Li(0) + RI(s) + \frac{1}{sC}I(s) + \frac{q(0)}{sC} = \frac{V}{s} \qquad (6\cdot 21)$$

コンデンサ（キャパシタ）には初期電荷が存在しないので，$q(0) = 0\,\mathrm{C}$ である．また，スイッチ S が閉じられる直前に電流は流れていないので，$i(0) = 0\,\mathrm{A}$ である．したがって，式 (6・21) は

$$I(s) = \frac{V}{s^2 L + sR + \dfrac{1}{C}} \qquad (6\cdot 22)$$

となる．式 (6・22) に対してラプラス逆変換を行えばよい．しかしながら，式 (6・22) のラプラス逆変換は，ラプラス変換表には存在しないのでラプラス変換表を用いることのできる形に変形する必要がある．そこで，まず，分母の根を求めてみよう．

$$s^2 L + sR + \frac{1}{C} = 0 \qquad (6\cdot 23)$$

とおくと

$$s = -\frac{R}{2L} \pm \sqrt{\left(\frac{R}{2L}\right)^2 - \frac{1}{LC}} \qquad (6\cdot 24)$$

となる．すでに学んだように，$\left(\dfrac{R}{2L}\right)^2$ と $\dfrac{1}{LC}$ の大小関係から，**減衰振動**，**過制動**および**臨界制動**の 3 つの場合に分けられる．それぞれの場合に分けて，部分分数に分解した後，ラプラス変換表を用いれば解が得られる．これらの解は 3 章で学んでいるのでここでは省略する．

4 正弦波交流回路の過渡現象を学ぼう

本章 1 ～ 3 節では，直流電圧を印加または除去したときの過渡現象を，ラプラス変換を用いて解析した．実際の電気回路では，正弦波交流電源が多く取り扱われる．そこで，正弦波電圧が印加されたとき，電気回路に流れる電流の過渡現象を，ラプラス変換を用いて調べてみよう．

図 6・6 に示す RL 回路に，$t = 0$ [s] でスイッチ S を閉じて，正弦波交流電圧 $v(t) = V \sin \omega t$ を印加する．このとき回路に流れる電流 $i(t)$ を求めてみよう．ただし，スイッチ S を閉じる以前には電流は流れていないとしよう．

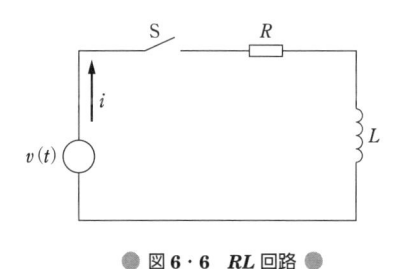

● 図 6・6 　RL 回路 ●

キルヒホッフの電圧則より，定常状態の回路方程式は

$$L\frac{di(t)}{dt} + Ri(t) = V \sin \omega t \tag{6・25}$$

となる．5 章の三角関数のラプラス変換を用いて，両辺をラプラス変換すると，$i(0) = 0\,\mathrm{A}$ だから

$$sLI(s) + RI(s) = \frac{V\omega}{s^2 + \omega^2} \tag{6・26}$$

となる．電流 $i(t)$ を求めるので，式 (6・27) のように変形してみよう．

$$I(s) = \frac{1}{sL+R}\frac{V\omega}{s^2+\omega^2} = \frac{\frac{1}{L}V\omega}{s+\frac{R}{L}}\frac{1}{s^2+\omega^2} = \frac{V}{L}\frac{\omega}{\left(s+\frac{R}{L}\right)(s^2+\omega^2)} \tag{6・27}$$

式 (6・27) は，ただちにラプラス変換表を用いて，ラプラス逆変換を行うことはできない．部分分数分解によって，ラプラス変換表を使用できる形に変形しよう．まず，式 (6・27) の分母を考えてみよう．分母を $B(s)$ とすると

$$B(s) = \left(s + \frac{R}{L}\right)(s^2 + \omega^2) = \left(s + \frac{R}{L}\right)(s - j\omega)(s + j\omega) \qquad (6\cdot 28)$$

となる．したがって $B(s)$ の根は，重根を含まない3つの単根，$-R/L$, $j\omega$, および $-j\omega$ である．そこで，式 (6・27) を

$$\frac{V}{L}\left\{\frac{\omega}{\left(s+\frac{R}{L}\right)(s^2+\omega^2)}\right\} = \frac{V}{L}\left\{\frac{K_1}{s+\frac{R}{L}} + \frac{K_2}{s-j\omega} + \frac{K_3}{s+j\omega}\right\} \qquad (6\cdot 29)$$

とおいてみよう．式 (6・29) の両辺に $\left(s+\frac{R}{L}\right)$ をかけて，$s = -\frac{R}{L}$ とすると

$$K_1 = \frac{\omega}{\frac{R^2}{L^2}+\omega^2} \qquad (6\cdot 30)$$

が得られる．次に両辺に $(s-j\omega)$ を掛けて，$s = j\omega$ とすると

$$K_2 = \frac{\omega}{2j\omega\left(\frac{R}{L}+j\omega\right)} \qquad (6\cdot 31)$$

が得られる．同様に K_3 を求めると

$$K_3 = \frac{\omega}{-2j\omega\left(\frac{R}{L}-j\omega\right)} \qquad (6\cdot 32)$$

が得られる．式 (6・30) から式 (6・32) で得た定数を式 (6・29) に代入し，整理すると

$$\frac{V}{L}\left\{\frac{\omega}{\left(s+\frac{R}{L}\right)(s^2+\omega^2)}\right\} = \frac{V}{L}\left\{\frac{\omega}{\frac{R^2}{L^2}+\omega^2}\frac{1}{s+\frac{R}{L}} + \frac{\omega}{2j\omega\left(\frac{R}{L}+j\omega\right)}\frac{1}{s-j\omega} + \frac{\omega}{-2j\omega\left(\frac{R}{L}-j\omega\right)}\frac{1}{s+j\omega}\right\}$$

$$= \frac{V\omega L}{R^2+\omega^2 L^2}\frac{1}{s+\frac{R}{L}} + \frac{VR}{\left(R^2+\omega^2 L^2\right)}\frac{\omega}{(s^2+\omega^2)} - \frac{V\omega L}{\left(R^2+\omega^2 L^2\right)}\frac{s}{(s^2+\omega^2)} = I(s)$$

$$(6\cdot 33)$$

となる．ラプラス変換表を用いて，ラプラス逆変換を行うと

$$i(t) = \frac{V\omega L}{R^2+\omega^2 L^2}e^{-\frac{R}{L}t} + \frac{VR}{R^2+\omega^2 L^2}\sin\omega t - \frac{V\omega L}{R^2+\omega^2 L^2}\cos\omega t \qquad (6\cdot 34)$$

式 (6・34) に三角関数の合成公式を用いて，さらに整理すると

$$i(t) = \frac{V\omega L}{R^2 + \omega^2 L^2} e^{-\frac{R}{L}t} + \frac{V}{\sqrt{R^2 + \omega^2 L^2}} \sin(\omega t + \phi) \quad (6 \cdot 35)$$

$$\text{ただし，} \phi = -\tan^{-1}\frac{\omega L}{R}$$

が得られる．

　スイッチ S を閉じて，十分に時間が経った場合（$t = \infty$）を考えてみよう．式 (6・35) の右辺の第 1 項で表される電流は，時定数 $\tau = L/R$ で減衰することがわかる．十分に時間が経過すれば，この項は無視でき，電流 $i(t)$ は右辺の第 2 項のみで表される．この第 2 項は交流理論（定常状態）で学習した，RL 直列回路に正弦波交流電圧を印加したときの電流と同じであることに注意しよう．式 (6・35) の右辺の第 1 項は過渡電流を，第 2 項は定常電流をそれぞれ表している．

ま と め

・キルヒホッフの法則から導出した回路方程式を，ラプラス変換することによって代数方程式に変換できることを学んだ．得られた代数方程式を計算した後，ラプラス変換表を用いてラプラス逆変換を行う方法を学んだ．この解法を用いることによって，容易に電気回路の過渡現象が解析できる．
・ラプラス変換法による過渡現象の解析では，初期条件が自動的に考慮される特長がある．

演習問題

問1 図 6·7 に示す RLC 直列回路に,$t = 0 \,[\mathrm{s}]$ のときにスイッチ S を閉じ,直流電圧 V を印加する.このときの電流の変化(過渡現象)を,ラプラス変換を用いて導出せよ.ただし,スイッチ S を閉じる直前,コンデンサ C(キャパシタ)に電荷は蓄積されていないとしよう.

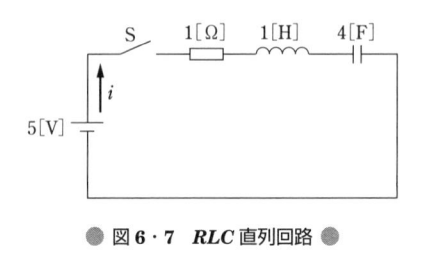

● 図 6·7 *RLC* 直列回路 ●

問2 図 6·8 に示す電気回路に,$t = 0 \,[\mathrm{s}]$ のときにスイッチ S を閉じ,直流電圧 V を印加する.このときの各枝路電流を求めよ.また,定常状態での全電流を求めよ.

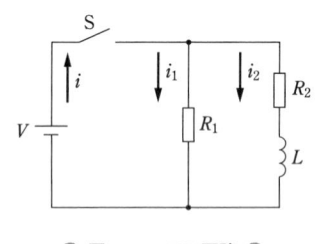

● 図 6·8 *RL* 回路 ●

7章

ラプラス領域の等価回路表現と使い方

6章では，コンデンサ（キャパシタ）やインダクタ（コイル）を含む電気回路の定常状態に対して，キルヒホッフの法則を用いて，微分や積分を含む回路方程式を立てた後，ラプラス変換を行った．ラプラス変換後の代数方程式を解いた結果に対して，ラプラス逆変換を行うことで簡単に過渡現象が求まることがわかった．本章では，抵抗 R，インダクタ L（コイル）およびコンデンサ C（キャパシタ）の回路素子を，それぞれ，s 領域（ラプラス領域）のインピーダンス R，sL および $1/sC$ に置き換えた s 領域等価回路の表現方法と，その等価回路から直接，ラプラス変換された回路方程式を求める方法を学ぼう．s 領域の等価回路を作れば，微積分方程式を立てる必要がなくなる．s 領域等価回路から得た代数方程式を代数計算し，その結果をラプラス逆変換することによって，時間領域での過渡現象を求めることができる．

1 s 領域におけるコンデンサの等価回路について考えよう

まず，図 7・1 に示す，一つのコンデンサ（キャパシタ）と電圧源からなるコンデンサ（キャパシタ）回路を考えよう．電圧 $v(t)$ のラプラス変換を $V(s)$，電流 $i(t)$ のラプラス変換を $I(s)$ としよう．コンデンサ C（キャパシタ）に時間的に変化する電流 $i(t)$ が流れるときのラプラス領域で表した電圧 $V(s)$ は

$$V(s) = \mathscr{L}\left[\frac{1}{C}\int i(t)dt\right] = \frac{1}{sC}I(s) + \frac{q(0)}{sC} \tag{7・1}$$

となる．式 (7.1) を整理すると

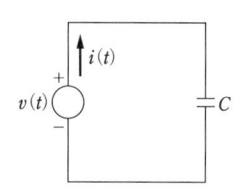

● 図 7・1　コンデンサ回路 ●

$$V(s) - \frac{q(0)}{sC} = \frac{1}{sC}I(s) \qquad (7\cdot 2)$$

となる．ここで，$Z(s) = 1/sC$ とおいてみよう．この $Z(s) = 1/sC$ を**コンデンサ（キャパシタ）の s 領域のインピーダンス**と呼ぶ．

また，左辺の $-q(0)/sC$ は $t = 0 \text{〔s〕}$ で初期電荷が存在するとき，新たな電圧源として考慮しなければならない項である．図7・1のコンデンサ（キャパシタ）回路を s 領域における等価回路に書き直すと**図7・2**となる．このとき等価電圧源 $q(0)/sC$ の極性に注意する必要がある．

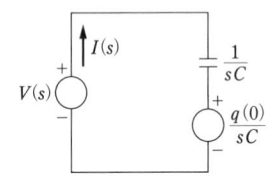

● 図7・2 コンデンサの s 領域等価回路 ●

② s 領域におけるインダクタの等価回路について考えよう

次に，図7・3に示す，一つのインダクタ（コイル）と電圧源からなるインダクタ（コイル）回路についても考えよう．電圧 $v(t)$ のラプラス変換を $V(s)$，電流 $i(t)$ のラプラス変換を $I(s)$ としよう．インダクタ L（コイル）に電流 $i(t)$ が流れるときのラプラス領域で表した電圧 $V(s)$ は

$$V(s) = \mathscr{L}\left[L\frac{di(t)}{dt}\right] = sLI(s) - Li(0) \qquad (7\cdot 3)$$

となる．この式 (7・3) を整理すると

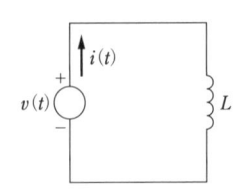

● 図7・3 インダクタ回路 ●

$$V(s) + Li(0) = sLI(s) \tag{7・4}$$

となる．ここで，$Z(s) = sL$ とおいてみよう．この $Z(s) = sL$ を**インダクタ（コイル）の s 領域のインピーダンス**と呼ぶ．

また，左辺の $Li(0)$ は $t = 0$〔s〕で初期電流が流れているとき，新たな電圧源として考慮しなければならない等価電圧源である．図 7・3 のインダクタ（コイル）回路を，等価電圧源 $Li(0)$ の極性に注意して，s 領域における等価回路に書き直すと**図 7・4** となる．

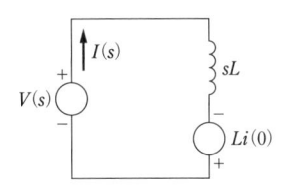

● 図 7・4　インダクタの s 領域等価回路 ●

ここで，5 章で示した $s = \sigma + j\omega$ のラプラス演算子を，s 領域のインピーダンス $1/sC$ および sL に代入し，$\sigma = 0$ としてみよう．すなわち虚軸上でのラプラス変換を考えてみよう．コンデンサ（キャパシタ）およびインダクタ（コイル）のそれぞれのインピーダンスは $1/j\omega C$ および $j\omega L$ となり，正弦波交流での解析で取り扱った複素インピーダンスに等しくなることがわかる．これは，虚軸上のラプラス変換がフーリエ変換となっていることを示している．

3　s 領域における抵抗の等価回路について考えよう

さらに抵抗の s 領域における等価回路についても簡単に触れておこう．抵抗 R に電流が流れたときに発生する電圧 $V(s)$ は，ラプラス変換を用いると

$$V(s) = \mathscr{L}[Ri(t)] = RI(s) \tag{7・5}$$

となる．式 (7・5) よりわかるように，**抵抗の s 領域のインピーダンス $Z(s)$ は R となる**．t 領域および s 領域ともに抵抗の等価回路は R のみで表現できる．

4　ラプラス領域の等価回路の使い方について学ぼう

ラプラス領域（s 領域）の等価回路を用いた過渡現象の解析方法を，以下の例題を解きながら学ぼう．

7章 ラプラス領域の等価回路表現と使い方

[例題 1]

図 7·5 に示す RC 回路において，まず直流電圧源 V によってコンデンサ C（キャパシタ）を十分に充電しておく．その後，時間 $t = 0$ [s] のとき，スイッチ S を端子 a から端子 b へ切り替える．このとき，この RC 回路に流れる電流 i を求めよ．ただし，s 領域における等価回路表現を用いて，解を求めること．

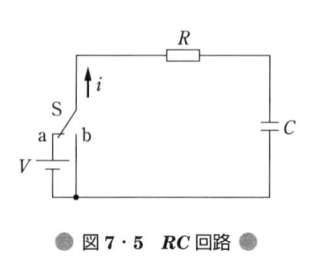

● 図 7·5　RC 回路 ●

[解答]

スイッチを切り替える前の回路（図 7·6 (a)）からスイッチを切り替えた後の回路（図 7·6 (b)）へ変化したとき，回路に流れる電流を求めればよい．まず，スイッチを切り替えた後の定常状態の回路を考えよう．図 7·6 (b) の回路を s 領域の等価回路に変換すると，図 7·6 (c) のように書き換えられる．s 領域の等価回路の全インピーダンス $Z(s)$ は

$$Z(s) = R + \frac{1}{sC} \qquad (7 \cdot 6)$$

となる．電流 $I(s)$ は

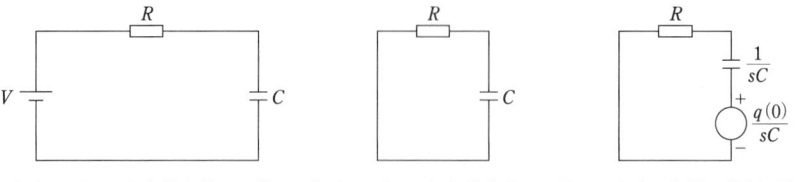

（a）スイッチ切り替え前の回路　　（b）スイッチ切り替え後の回路　　（c）s 領域の等価回路

● 図 7·6　RC 回路の等価回路の導出 ●

$$I(s) = \frac{\frac{q(0)}{sC}}{Z(s)} = \frac{\frac{q(0)}{sC}}{R + \frac{1}{sC}} = \frac{q(0)}{CR} \frac{1}{s + \frac{1}{RC}} \tag{7・7}$$

となる．ここで，図 7・6 (a) からスイッチが切り替わる直前の初期電荷 $q(0)$ を求めよう．図 7・6 (a) の回路には電流が流れていないので，電圧 V がそのままキャパシタンス C に印加されている．したがって $q(0)$ は

$$q(0) = CV \tag{7・8}$$

となる．この初期電荷を式 (7・7) に代入すると

$$I(s) = \frac{CV}{CR} \frac{1}{s + \frac{1}{RC}} = \frac{V}{R} \frac{1}{s + \frac{1}{RC}} \tag{7・9}$$

が得られる．式 (7・9) を，ラプラス逆変換して電流 i を求めると

$$i(t) = \frac{V}{R} e^{-\frac{1}{RC}t} \tag{7・10}$$

となる．この結果は，6 章の例題 1 で求めた結果と一致する．ただし，この例題では電流の流れる方向が，6 章の例題 1 と逆に定義されていることに注意しよう．

s 領域の等価回路を作れば，その等価回路から直接，ラプラス変換後の回路方程式（代数方程式）が得られる．等価回路表現を用いれば，微分方程式，積分方程式または微積分方程式を立てる必要がないことがわかる．

[例題 2]

図 7・7 に示す RL 回路において，まず，S_1 を閉じ，S_2 を開いておく．その後，時間 $t = 0$〔s〕のとき，スイッチ S_1 を開くと同時に S_2 を閉じる．このとき，この RL 回路に流れる電流 i を求めよ．ただし，s 領域における等価回路表現を用いて，解を求めること．

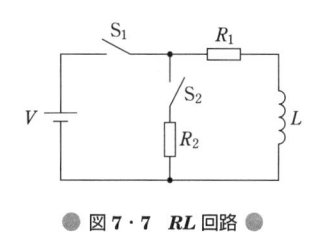

● 図 7・7 RL 回路 ●

[解答]

スイッチを切り替える前の回路（図7・8(a)）からスイッチを切り替えた後の回路（図7・8(b)）へ変化したとき，回路に流れる電流を求めればよい．まず，スイッチを切り替えた後の定常状態の回路を考えよう．図7・8(b)の回路をs領域の等価回路に変換すると，図7・8(c)のように書き換えられる．s領域の等価回路の全インピーダンス$Z(s)$は

$$Z(s) = (R_1 + R_2) + sL \tag{7・11}$$

となる．電流$I(s)$は

$$I(s) = \frac{Li(0)}{Z(s)} = \frac{Li(0)}{(R_1 + R_2) + sL} = \frac{i(0)}{s + \frac{R_1 + R_2}{L}} \tag{7・12}$$

となる．ここで，図7・8(a)からスイッチが切り替わる直前に流れていた，初期電流$i(0)$を求めると

$$i(0) = \frac{V}{R_1} \tag{7・13}$$

となる．式(7・13)を式(7・12)に代入すると

$$I(s) = \frac{i(0)}{s + \frac{R_1 + R_2}{L}} = \frac{V}{R_1} \frac{1}{s + \frac{R_1 + R_2}{L}} \tag{7・14}$$

となる．式(7・14)をラプラス逆変換すると，電流iは

$$i(t) = \frac{V}{R_1} e^{-\frac{R_1 + R_2}{L} t} \tag{7・15}$$

となる．

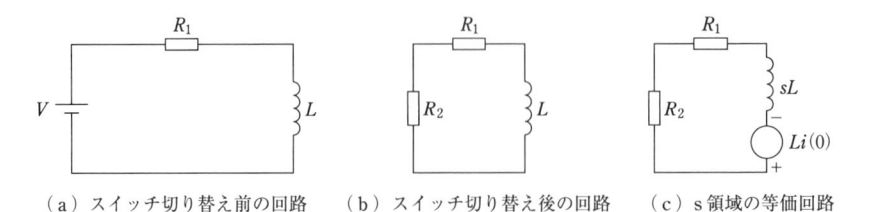

(a) スイッチ切り替え前の回路　　(b) スイッチ切り替え後の回路　　(c) s領域の等価回路

● 図7・8　*RL*回路の等価回路の導出 ●

5 RLC 回路を等価回路によって解こう

図 7·9 に示す抵抗 R, インダクタ L（コイル）およびコンデンサ C（キャパシタ）よりなる RLC 回路の過渡現象を, s 領域における等価回路を用いて解いてみよう．

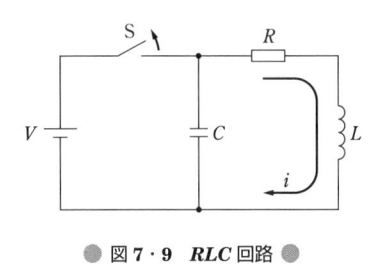

● 図 7·9 RLC 回路 ●

まず，スイッチ S を閉じておく．その後，時間 $t = 0$ 〔s〕のとき，スイッチ S を開く．このとき電気回路に流れる電流 i の変化を解析しよう．ただし，計算を簡単にするため，L, C および R の間には $\dfrac{3R^2}{16L^2} = \dfrac{1}{CL}$ の関係があるものとしよう．

図 7·9 の RLC 回路を，s 領域の等価回路で書き換えると図 7·10 となる．等価電圧源 $q(0)/sC$ および $Li(0)$ が加わっていることに注意しよう．この等価回路に直接キルヒホッフの電圧則を適用すると

$$\frac{I(s)}{sC} + RI(s) + sLI(s) = \frac{q(0)}{sC} + Li(0) \tag{7·16}$$

が得られる．初期値は，スイッチ S が閉じられた状態から求められ

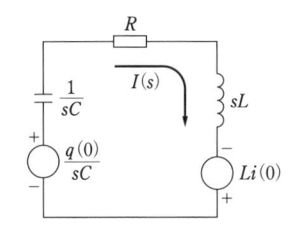

● 図 7·10 s 領域の等価回路 ●

$$q(0) = CV$$
$$i(0) = \frac{V}{R}$$

となる．これらの値を式 (7・16) に代入し，$I(s)$ を求めると

$$I(s) = \frac{1}{R} \cdot \frac{s + \dfrac{R}{L}}{s^2 + s\dfrac{R}{L} + \dfrac{1}{CL}} V \tag{7・17}$$

となる．式（7・17）をラプラス逆変換するため，$\dfrac{3R^2}{16L^2} = \left(\dfrac{R}{4L}\right)\left(\dfrac{3R}{4L}\right) = \dfrac{1}{CL}$ の関係を用いて，式を整理した後，部分分数に分解すると

$$I(s) = \frac{1}{2R} \cdot \left(\frac{3}{s + \dfrac{R}{4L}} - \frac{1}{s + \dfrac{3R}{4L}} \right) V \tag{7・18}$$

となる．式（7・18）に対して，ラプラス変換表を用いてラプラス逆変換を行うと，t 関数は

$$i(t) = \frac{V}{2R} \cdot \left(3e^{-\frac{R}{4L}t} - e^{-\frac{3R}{4L}t} \right) \tag{7・19}$$

となる．

ラプラス領域の等価回路表現を用いると，定常状態の正弦波交流回路において複素数表示によって電圧，電流を求めたと同様に，微分，積分を含まない回路方程式を，キルヒホッフの法則を用いて得ることができる．

まとめ

- 抵抗，コンデンサ（キャパシタ）およびインダクタ（コイル）の s 領域のインピーダンス $Z(s)$ は，それぞれ R，sL，および $1/sC$ と表現できる．
- コンデンサ（キャパシタ）の初期値は，等価電圧源 $-q(0)/sC$ で表現できることを学んだ．また，インダクタ（コイル）での初期値は，等価電圧源 $Li(0)$ で表現できることを学んだ．
- s 領域等価回路を用いることで直接，ラプラス領域の回路方程式（代数方程式）が得られる．

演習問題

問1 図 7・11 に示す LC 直列回路に，$t = 0\,[\mathrm{s}]$ のときにスイッチ S を閉じ，直流電圧 V を印加する．このときの電流の変化（過渡現象）を，s 領域等価回路を用いて導出せよ．ただし，スイッチ S を閉じる直前，コンデンサ C（キャパシタ）に電荷は蓄積されていないとしよう．

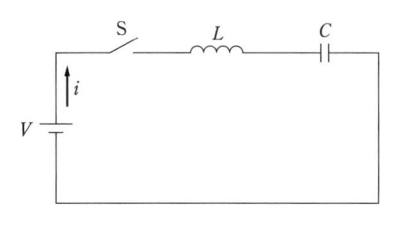

● 図 7・11　LC 直列回路 ●

問2 図 7・12 に示す電気回路に，$t = 0\,[\mathrm{s}]$ のときにスイッチ S を閉じ，直流電圧 V を印加する．このときの各枝路電流を，s 領域等価回路を用いて導出せよ．ただし，スイッチ S を閉じる直前，コンデンサ C（キャパシタ）に電荷は蓄積されていないとしよう．

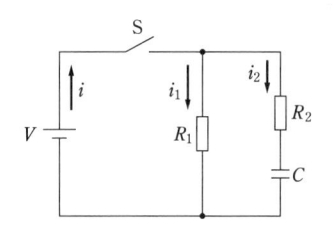

● 図 7・12　RC 回路 ●

8章

単位ステップ関数，単位インパルス関数のラプラス変換とその応用

　本章では，特殊な関数の中で特に重要な単位インパルス関数（unit impulse function）（δ（デルタ）関数とも呼ぶ）のラプラス変換を，すでに学んだ単位ステップ関数を用いて求め，その電気回路への応用について考えよう．単位インパルス関数のラプラス変換を用いることによって，電気回路・電子回路の解析・設計に重要な，伝達関数（transfer function）を容易に求める方法を学ぼう．さらに，特殊な周期信号が入力されたときの電気回路のラプラス変換を，単位ステップ関数を用いて行う方法についても学ぼう．

1　単位インパルス関数のラプラス変換を考えよう

　図 8・1（a）に示す幅（τ）が極めて狭く，高さ（$1/\tau$）が極めて高いパルス関数を考えてみよう．この関数の極限（幅が無限小，高さが無限大で面積が 1）を，**単位インパルス関数**または δ **関数**と呼ぶ（図 8・1（b））．

（a）パルス関数　　　　　（b）単位インパルス関数

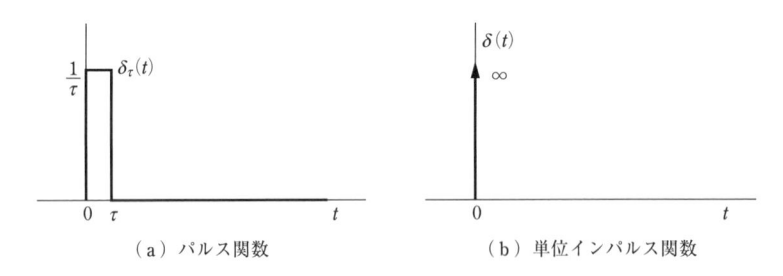

● 図 8・1　パルス関数と単位インパルス関数の関係 ●

$$\left. \begin{array}{l} \int_{-\infty}^{\infty} \delta(t)dt = 1 \\ \delta(t) = \infty \quad t = 0 \\ \delta(t) = 0 \quad t \neq 0 \end{array} \right\} \tag{8・1}$$

　式（8・1）は $t = 0$〔s〕での単位インパルス関数である．まず，この単位インパルス関数のラプラス変換を求めてみよう．

　5章で学んだ単位ステップ関数 $u(t)$ を用いて，図 8・1（a）に示したパルス関

数 $\delta_\tau(t)$ を表してみよう．パルス関数 $\delta_\tau(t)$ は

$$\delta_\tau(t) = \frac{1}{\tau}\{u(t) - u(t-\tau)\} \tag{8・2}$$

となる．したがって単位インパルス関数 $\delta(t)$ は

$$\delta(t) = \lim_{\tau \to 0}\frac{1}{\tau}\{u(t) - u(t-\tau)\} \tag{8・3}$$

と表すことができる．そこで，式 (8・3) のラプラス変換を考えよう．5 章で示したラプラス変換の定義式（式 (5・1)）より

$$\begin{aligned}
\int_0^\infty \delta(t)e^{-st}dt &= \int_0^\infty \lim_{\tau \to 0}\frac{1}{\tau}\{u(t) - u(t-\tau)\}e^{-st}dt \\
&= \lim_{\tau \to 0}\frac{1}{\tau}\left[\int_0^\infty u(t)e^{-st}dt - \int_0^\infty u(t-\tau)e^{-st}dt\right] \\
&= \lim_{\tau \to 0}\frac{1}{\tau}\left(\frac{1}{s} - \frac{1}{s}e^{-s\tau}\right) \\
&= \lim_{\tau \to 0}\frac{\dfrac{d}{d\tau}(1-e^{-s\tau})}{\dfrac{d}{d\tau}(\tau s)} \\
&= \lim_{\tau \to 0}e^{-s\tau} = 1 \tag{8・4}
\end{aligned}$$

となる．式 (8・4) の変換には，積分と lim を入れ換えることができること，および時間が a だけ遅れた関数 $f(t-a)$ のラプラス変換は，e^{-as} の因子が加わるという推移定理（shifting theorem）を用いている．また，式 (8・3) よりわかるように単位ステップ関数の導関数が，単位インパルス関数となっていることに注意しよう．単位インパルス関数のラプラス領域の関数 $F(s)$ は，1 となる（5 章の表 5・1 参照）．

❷ 伝達関数とは

ある回路網の入力電圧と出力電圧の比（出力電圧/入力電圧）および電流の比（出力電流/入力電流）を**伝達関数**と呼ぶ．入力電圧を V_in，入力電流を I_in，出力電圧を V_out，および出力電流を I_out とすると

$$G_v = V_\text{out}/V_\text{in} \tag{8・5}$$
$$G_i = I_\text{out}/I_\text{in} \tag{8・6}$$

と表した G_v および G_i をそれぞれ，**電圧伝達関数**および**電流伝達関数**と呼ぶ．

入力信号 V_{in} と I_{in}，出力信号 V_{out} と I_{out} をそれぞれ入れ換えることで他の伝達関数も定義できる．本章では，ラプラス変換を用いて，s 領域の電圧伝達関数を導出する方法を考えよう．

図 8・2 に示す抵抗 R とコンデンサ C（キャパシタ）からなる基本的な L 型回路を例にして，この回路網に入力電圧 $V_{in}(t)$ を印加したときの，出力電圧 $V_{out}(t)$ をラプラス変換によって求め，回路網の電圧伝達関数を導出してみよう．ただし，コンデンサ C（キャパシタ）に初期電荷はない（$q(0) = 0\,\mathrm{C}$）としよう．

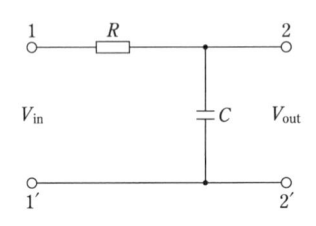

● 図 8・2　RC 回路 ●

回路方程式は，回路に流れる電流を $i(t)$ とすると

$$V_{in}(t) = Ri(t) + \frac{1}{C}\int i(t)dt \tag{8・7}$$

$$V_{out}(t) = \frac{1}{C}\int i(t)dt \tag{8・8}$$

となる．式 (8・7)，式 (8・8) をそれぞれラプラス変換して，整理すると

$$V_{in}(s) = \left(R + \frac{1}{sC}\right)I(s) \tag{8・9}$$

$$V_{out}(s) = \frac{1}{sC}I(s) = \frac{1}{sC}\frac{V_{in}(s)}{\left(R + \dfrac{1}{sC}\right)} = \frac{V_{in}(s)}{sRC + 1} \tag{8・10}$$

となる．s 領域の電圧伝達関数 $G_v(s)$ は，式 (8・5) で定義されるので

$$G_v(s) = \frac{V_{out}(s)}{V_{in}(s)} = \frac{\dfrac{1}{RC}}{s + \dfrac{1}{RC}} \tag{8・11}$$

となる．式 (8·11) が図 8·2 に示した回路網の s 領域の電圧伝達関数である．

さらに，入力電圧 $V_{\text{in}}(t)$ として単位インパルス関数（$\delta(t)$）が印加された場合を考えよう．

$$\mathscr{L}[\delta(t)] = 1 \tag{8·12}$$

であるから

$$V_{\text{out}}(s) = G_v(s) = \frac{\dfrac{1}{RC}}{s + \dfrac{1}{RC}} \tag{8·13}$$

となる．式 (8·13) のラプラス逆変換を求めると

$$V_{\text{out}}(t) = \frac{1}{RC} e^{-\frac{1}{RC}t} \tag{8·14}$$

となる．式 (8·11)〜式 (8·13) から，単位インパルス入力に対する出力応答のラプラス変換が，s 領域の伝達関数となることがわかる．電気回路網の伝達関数が導出できれば，任意の波形の入力（出力）信号に対する出力（入力）信号が容易に求めることができる．したがって，電気・電子回路網の伝達関数を求めることは，電気・電子回路の解析・設計においてきわめて有益である．

[例題 1]

図 8·3 に示す抵抗 R とインダクタ L（コイル）からなる基本的な L 型回路の s 領域の電圧伝達関数を求めよ．

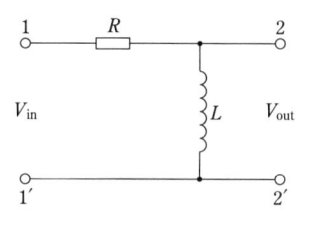

● 図 8·3　L 型回路 ●

[解答]

入力電圧 $V_{\text{in}}(t)$ として単位インパルスを印加したときの出力電圧 $V_{\text{out}}(t)$ を，ラプラス変換を用いて求めよう．得られた結果，すなわち $V_{\text{out}}(s)$ が s 領域の電圧伝達関数 $G_v(s)$ となる．図 8·3 の回路網の s 領域のインピーダンス $Z(s)$ は

$$Z(s) = (R + sL) \tag{8・15}$$

である．初期電流は流れていないので

$$I(s) = \frac{V_{\text{in}}(s)}{R + sL} \tag{8・16}$$

となる．また，$V_{\text{out}}(s)$ は

$$V_{\text{out}}(s) = I(s)sL \tag{8・17}$$

となるから，式 (8・17) に式 (8・16) を代入すると

$$V_{\text{out}}(s) = \frac{V_{\text{in}}(s)sL}{R + sL} \tag{8・18}$$

したがって電圧伝達関数 $G_v(s)$ は，式 (8・12) から

$$G_v(s) = V_{\text{out}}(s) = \frac{sL}{R + sL} \tag{8・19}$$

となる．

3 周期関数のラプラス変換について考えてみよう

単一の単位ステップ関数や正弦波交流に対する応答は，すでに 6 章，7 章で学んだ．ここでは，周期的なパルス信号などの特殊な周期信号の入力関数に対するラプラス変換を考えよう．

図 8・4 に示す周期的なパルス信号を例にして，この周期関数のラプラス変換を考えよう．まず，周期関数 $f(t)$ を，単位ステップ関数 $u(t)$ を用いて表してみよう．図 8・4 に示す周期関数の第 1 番目の波だけ考え，これを $f_1(t)$ としよう．$f_1(t)$ は

$$f_1(t) = u(t) - u(t - T/2) \tag{8・20}$$

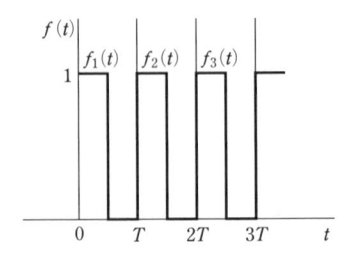

● 図 8・4　周期関数（パルス波）●

と表される．次に第2番目の波 $f_2(t)$ を考えよう．$f_2(t)$ は $f_1(t)$ より時間 T だけ遅れているから

$$f_2(t) = u(t-T) - u(t-T3/2) = f_1(t-T) \tag{8・21}$$

と表される．同様に，第3番目，第4番目…第 $(n+1)$ 番目…の波は，それぞれ

$$f_3(t) = u(t-2T) - u(t-T5/2) = f_1(t-2T)$$
$$f_4(t) = u(t-3T) - u(t-T7/2) = f_1(t-3T)$$
$$\vdots$$
$$f_{n+1}(t) = u(t-nT) - u(t-T(2n+1)/2) = f_1(t-nT)$$
$$\vdots \tag{8・22}$$

となる．周期関数 $f(t)$ は $f_1(t)$, $f_2(t)$, $f_3(t)$ … $f_{n+1}(t)$ …の和である．

$$f(t) = f_1(t) + f_2(t) + f_3(t) + \cdots + f_{n+1}(t) + \cdots \tag{8・23}$$

したがって，周期関数 $f(t)$ をラプラス変換すると

$$\begin{aligned}
\mathscr{L}[f(t)] &= \int_0^\infty f(t)e^{-st}dt \\
&= \int_0^\infty f_1(t)e^{-st}dt + \int_0^\infty f_1(t-T)e^{-st}dt + \cdots + \int_0^\infty f_1(t-nT)e^{-st}dt + \cdots \\
&= \int_0^\infty f_1(t)e^{-st}dt + e^{-sT}\int_0^\infty f_1(t)e^{-st}dt + \cdots + e^{-nsT}\int_0^\infty f_1(t)e^{-st}dt + \cdots \\
&= \left(1 + e^{-sT} + e^{-2sT} + \cdots + e^{-nsT} + \cdots\right)\int_0^\infty f_1(t)e^{-st}dt
\end{aligned}$$
$$\tag{8・24}$$

式 (8・24) の変換には，推移定理を用いている．ここで，式 (8・24) の最終式の括弧内の級数は，初項が1，公比が e^{-sT} の無限等比級数であるので，その和は

$$1 + e^{-sT} + e^{-2sT} + \cdots + e^{-nsT} + \cdots = \frac{1}{1-e^{-sT}} \tag{8・25}$$

と表すことができる．第1番目の波のラプラス変換を $\int_0^\infty f_1(t)e^{-st}dt = F_1(s)$ とすれば，周期関数のラプラス変換は

$$\mathscr{L}[f(t)] = \frac{F_1(s)}{1-e^{-sT}} \tag{8・26}$$

となる．したがって，第1番目の波形のラプラス変換が求まる特定の波形の周期関数では，単位ステップ関数を用いることによって，その周期関数のラプラス変換を求めることができる．

図8・4に示したパルス信号からなる周期関数の，第1番目の波形のラプラス

変換は，式 (8.20) を用いて

$$F_1(s) = \mathscr{L}[f_1(t)] = \mathscr{L}\left[u(t) - u\left(t - \frac{T}{2}\right)\right]$$
$$= \left(\frac{1}{s} - \frac{1}{s}e^{-s\frac{T}{2}}\right) = \frac{1}{s}\left(1 - e^{-s\frac{T}{2}}\right) \qquad (8\cdot27)$$

となる．したがって，図 8・4 の周期関数 $f(t)$ のラプラス変換は

$$F(s) = \frac{1 - e^{-s\frac{T}{2}}}{s(1 - e^{-sT})} \qquad (8\cdot28)$$

となる．

[例題 2]

周期 T の半波整流波（図 8・5 (a)）のラプラス変換を求めよ．ただし，半波整流波は，$t > 0$ で定義されているものとする．

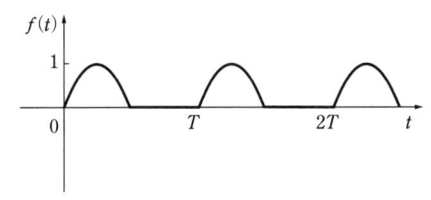

（a）半波整流波

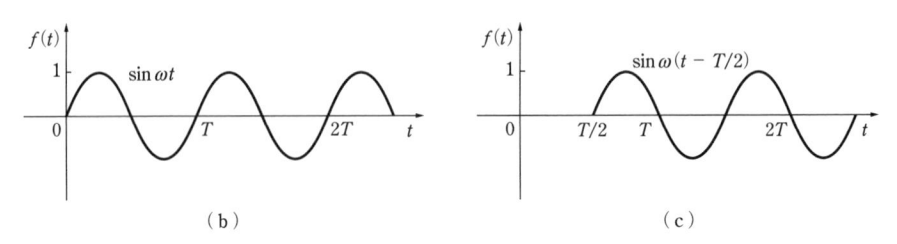

（b）

（c）

● 図 8・5　半波整流波と正弦波の重ね合わせによる半波整流波の第 1 番目（時間 t が 0 から T まで）の波の実現　●

[解答]

図 8・5 (a) の半波整流波の第 1 番目（時間 t が 0 から T まで）の波は，図 8・5 (b) と図 8・5 (c) の 2 つの正弦波交流信号を加えることで実現できる．また，第 1 番目の波 $f_1(t)$ は，$t > 0$ で定義されるから，単位ステップ関数 $u(t)$ を用いて

$$f_1(t) = \sin\omega t \cdot u(t) + \sin\omega\left(t - \frac{T}{2}\right) \cdot u\left(t - \frac{T}{2}\right) \qquad (8\cdot 29)$$

と表すことができる．第1番目の波 $f_1(t)$ のラプラス変換を $F_1(s)$ とすると，推移定理を用いて

$$\begin{aligned}F_1(s) &= \int_0^\infty \sin\omega t \cdot u(t) e^{-st} dt + \int_0^\infty \sin\omega\left(t - \frac{T}{2}\right) \cdot u\left(t - \frac{T}{2}\right) e^{-st} dt \\ &= \int_0^\infty \sin\omega t \cdot u(t) e^{-st} dt + e^{-s\frac{T}{2}} \int_0^\infty \sin\omega t \cdot u(t) e^{-st} dt \\ &= \frac{\omega}{s^2 + \omega^2} + \frac{\omega}{s^2 + \omega^2} e^{-s\frac{T}{2}} = \frac{\omega}{s^2 + \omega^2}\left(1 + e^{-s\frac{T}{2}}\right) \qquad (8\cdot 30)\end{aligned}$$

したがって，図 8·5 (a) の半波整流波 $f(t)$ のラプラス変換 $F(s)$ は

$$F(s) = \frac{F_1(s)}{1 - e^{-sT}} = \frac{\omega\left(1 + e^{-s\frac{T}{2}}\right)}{(s^2 + \omega^2)(1 - e^{-sT})} = \frac{\omega}{(s^2 + \omega^2)\left(1 - e^{-s\frac{T}{2}}\right)} \qquad (8\cdot 31)$$

となる．

まとめ

- 単位インパルス関数のラプラス変換を，単位ステップ関数を用いて導出できることを学んだ．単位インパルス関数のラプラス領域の関数 $F(s)$ は 1 となる．
- 単位インパルス関数のラプラス変換を用いて，電気・電子回路解析に重要な伝達関数を容易に導出できることを学んだ．単位インパルス入力に対する出力応答が s 領域の伝達関数となる．
- 周期関数のラプラス変換を，単位ステップ関数を用いて行う方法を学んだ．第1番目の波のラプラス変換を $\int_0^\infty f_1(t) e^{-st} dt = F_1(s)$ とすれば，周期関数のラプラス変換は $\mathscr{L}[f(t)] = \dfrac{F_1(s)}{1 - e^{-sT}}$ となる．

8章 単位ステップ関数，単位インパルス関数のラプラス変換とその応用

演習問題

問1 図 8・6 に示す L 型回路の s 領域の電圧伝達関数を求めよ．

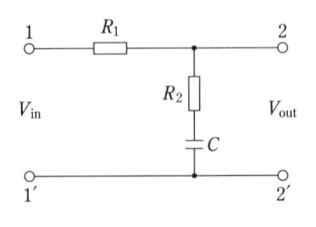

● 図 8・6　L 型回路 ●

問2 図 8・7 に示す，のこぎり波（周期 T）のラプラス変換を求めよ．

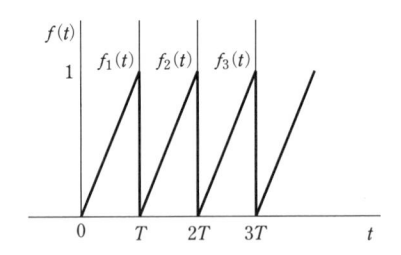

● 図 8・7　周期関数（のこぎり波）●

9章

回路網の性質と表現方法

9～10章では複雑な回路網の特性を定性的に把握するため古くから考えられてきた回路網解析手法について学ぶ．複雑な回路網を単なるブラックボックスと考え，ブラックボックスへの入出力端子が1対（2本，2端子）の場合を一端子対網（二端子回路網，二端子回路）と呼び，ブラックボックスへの入出力端子が2対（4本，4端子）の場合を二端子対網（四端子回路網，四端子回路）と呼ぶ．

9章では複雑な回路網もブラックボックスへの入出力関係のみから容易に特性を把握することができることを学ぶ．次に，10章では二端子対回路（四端子回路網，四端子回路）の解析手法について具体的な例題を中心に学ぶ．

1 回路網のブラックボックス表現について学ぼう

抵抗R，インダクタL（コイル），コンデンサC（キャパシタ）などがある機能を発揮するように網目状に接続されたネットワークのことを**回路網**と呼ぶ．図$9\cdot1$の四角い箱の中が抵抗R，インダクタL（コイル），コンデンサC（キャパシタ）などで複雑に接続された回路網で構成されているとき，箱から取り出された端子対の電圧，電流のみに注目し，箱の中身の回路網については言及しないとき，この箱のことをブラックボックス（black box）と呼ぶ．

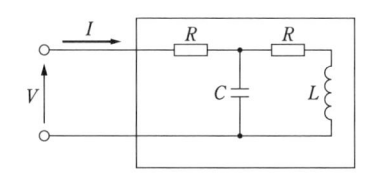

● 図$9\cdot1$　回路網のブラックボックス表現 ●

回路網は図$9\cdot2$に示すように，ブラックボックスの左側の端子対に電源（あるいは信号源）を接続し，右側の端子対には負荷を接続し，電気エネルギー（あるいは信号）を伝送する形で用いられることが多い．この場合，電源を接続した

● 図9・2 二端子対回路（四端子回路）●

　左側の端子対 1-1′ を**入力端子**（input terminal）または**送電端**，右側の端子対 2-2′ を**出力端子**（output terminal）または**受電端**と呼ぶ．また入力端を**駆動点**と呼ぶこともある．入出力は V, I または $\dot{V}$, $\dot{I}$ と表現するが，本書では表記の簡単な前者の表現 V, I を用いることとする．

2　一端子対回路網（二端子回路）とは

　抵抗 R，インダクタ L（コイル），コンデンサ C（キャパシタ）などから構成される複雑な回路網を単なるブラックボックスと考え，ブラックボックスへの入出力端子が1対（2本，2端子）の場合を**一端子対網**（**二端子網回路**，**二端子回路**）（one port circuit）と呼ぶ（**図9・3**参照）．

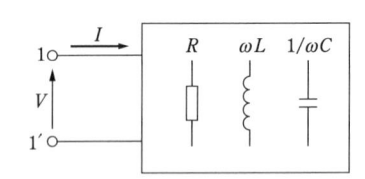

● 図9・3　一端子対網回路 ●

　二端子回路の場合，端子 1-1′ における電圧 V，電流 I の関係は両者の比である**インピーダンス** Z，または**アドミタンス** Y によって一意的に定まり，インピーダンス Z は端子 1-1′ に電流源 I を接続した場合の応答（**電圧応答**）を規定し，アドミタンス Y は端子 1-1′ に電圧源 V を接続した場合の応答（電流応答）を規定する．

$$V = ZI, \quad I = YV \tag{9・1}$$

　式（9・1）からも明らかなように

$$Z = 1/Y \tag{9・2}$$

の関係があり，インピーダンス Z，アドミタンス Y は，それぞれ端子 1-1′ にお

ける**駆動点インピーダンス**（driving-point impedance），**駆動点アドミタンス**（driving-point admittance）とも呼ばれる．

3 一端子対回路から二端子対回路へ

電源に抵抗 R とコンデンサ C（キャパシタ）を接続した**図9・4**の回路を考えてみよう．

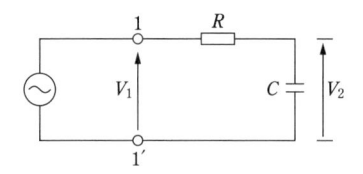

● 図 9・4　2端子回路 ●

図 9・4 において，電流を I とすると

$$V_1 = RI + \frac{I}{j\omega C}, \quad V_2 = \frac{1}{j\omega C}I \tag{9・3}$$

であるから

$$\frac{V_2}{V_1} = \frac{1}{1+j\omega RC} \tag{9・4}$$

となる．

$\omega = 0$ のとき $V_2/V_1 = 1$ であり，$\omega \to \infty$ のとき $V_2/V_1 \to 0$ となる．つまり，V_1 がいろいろな周波数成分を含む電源あるいは信号源のとき，低周波成分に対しては $V_2 \simeq V_1$ であり，高周波成分になるほど V_2/V_1 の減衰率は大となる．このような機能を持つ回路を，**低域通過フィルタ**（low pass filter）と呼ぶ．

しかし，実際にフィルタとして使用する場合，出力側に計測器（記録計）などを接続することになる．計測器の負荷抵抗を R_L とすると，**図 9・5** のようになる．

図 9・5 において，電流 I とすると

$$V_1 = RI + \frac{\dfrac{1}{j\omega C}R_L}{\dfrac{1}{j\omega C}+R_L}I = \left(R + \frac{R_L}{1+j\omega CR_L}\right)I \tag{9・5}$$

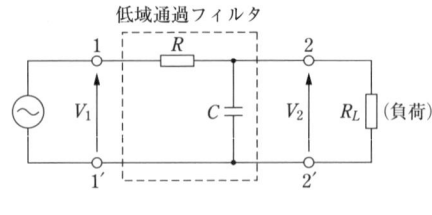

●図9・5 四端子回路●

一方

$$V_2 = \frac{R_L}{1+j\omega CR_L} I \tag{9・6}$$

であるから，伝達関数 V_2/V_1 は式 (9・7) のとおりとなる．

$$V_2/V_1 = \frac{1}{1+R/R_L+j\omega CR} \tag{9・7}$$

$R/R_L \ll 1$ のとき，式 (9・7) は，$V_2/V_1 = \dfrac{1}{1+j\omega RC}$ となり，式 (9・4) と一致する．

以上の解析では，端子 1-1′ の電圧 V_1 と電流 I の関係を求め，その電流 I を用いてキャパシタの両端子間電圧降下 V_2 を求めている．これは，回路を端子 1-1′ で2つに使い分け，左側を電源，右側を負荷とみなしていることになり負荷側の回路は二端子 1-1′ を持つ回路と見ていることになる．このように端子を2つ持つ回路を**二端子回路**（two port circuits, two port network, two terminal-pair network）と呼ぶ．いままで学んできた回路，回路網は基本的に二端子回路であった．

一方，図9・5 の回路は電源と低域通過フィルタ（low pass filter）および負荷で構成されている．つまり，フィルタ部分を端子 1-1′，端子 2-2′ の端子対を2つ持つ回路網すなわち**四端子回路（二端子対回路）**となっている．実際の回路解析においては回路網を四端子回路として取り扱うと解析が容易になり便利である．しかし，そのためには四端子回路の種々の特性を把握しておかなければならない．

4 なぜ二端子対回路（四端子回路）を学ぶのか

実際の電気回路の解析では，対象とする回路の詳細を全て把握する必要はなく，

対象とする電気回路網はブラックボックスのまま，入力と出力の2つの端子対における電圧と電流の関係が分かれば，それで十分な場合が極めて多い．このように対象とする電気回路網を2つの入出力端子をもつブラックボックスと見なしたものが二端子対回路（四端子回路）である．現在は各種回路解析ソフトやシミュレータの普及やパソコンの性能向上により，二端子対回路の実用的な解析ツールとしての存在価値は失われつつあるが，対象となる回路網あるいはモデルの抽象化，定性的な挙動把握といった思考訓練に大いに役立つので，是非修得し，活用して欲しい古典的手法である．

〔1〕 二端子対回路（四端子回路）とは

電源から負荷にエネルギーを供給する場合（あるいは電気信号を伝送する場合），通常，電源と負荷の間に回路網が介在することが多い．電源を接続する端子 1-1′ と負荷を接続する端子 2-2′ の2組の端子対をもつ回路網を**二端子対回路** (two terminal-pair network) または**四端子回路**という．11章で詳述されるフィルタなどが典型的な二端子対回路である．さまざまな二端子対回路の中でも，電力系統解析やフィルタの設計に使われる**縦列パラメータ（F パラメータ）** とアナログ電子回路のバイポーラートランジスタの小信号解析に使われる**ハイブリッドパラメータ（H パラメータ，h パラメータ）** を中心に二端子対回路の各種パラメータについて述べる．

四端子回路の一般形として，**図 9·7** に示すように入力側，出力側ともに電源があると考えて，電流の向きは出力側もブラックボックスに入る方向を正とするのが一般的である．

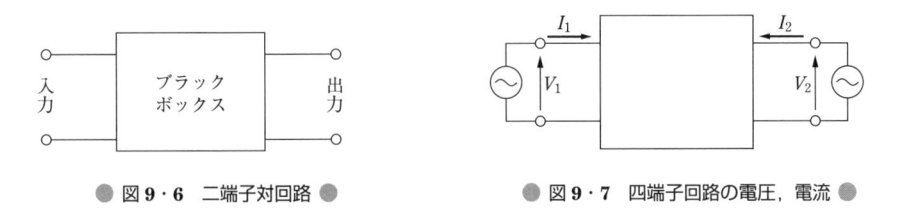

● 図 9·6 二端子対回路 ●　　● 図 9·7 四端子回路の電圧，電流 ●

〔2〕 二端子対回路（四端子回路）を具体的な例題で学ぼう

例として**図 9·8** に示す T 型回路について考えてみよう．
キルヒホッフの電圧則より

● 図 9・8　T 型回路 ●

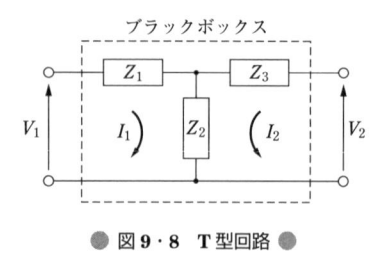

$$V_1 = (Z_1 + Z_2)I_1 + Z_2 I_2$$
$$V_2 = Z_2 I_1 + (Z_2 + Z_3)I_2$$

これを以下のように行列で表わすとわかりやすい．

$$\begin{pmatrix} V_1 \\ V_2 \end{pmatrix} = \begin{pmatrix} Z_1 + Z_2 & Z_2 \\ Z_2 & Z_2 + Z_3 \end{pmatrix} \begin{pmatrix} I_1 \\ I_2 \end{pmatrix} \qquad (9・8)$$

式 (9・8) において

$$\begin{pmatrix} Z_1 + Z_2 & Z_2 \\ Z_2 & Z_2 + Z_3 \end{pmatrix}$$ を Z 行列という．

さらに，$Z_1 + Z_2 = Z_{11}$，$Z_2 = Z_{12}$，$Z_2 = Z_{21}$，$Z_2 + Z_3 = Z_{22}$ とおくと

$$\begin{pmatrix} Z_1 + Z_2 & Z_2 \\ Z_2 & Z_2 + Z_3 \end{pmatrix} = \begin{pmatrix} Z_{11} & Z_{12} \\ Z_{21} & Z_{22} \end{pmatrix}$$

したがって式 (9・8) は

$$\begin{pmatrix} V_1 \\ V_2 \end{pmatrix} = \begin{pmatrix} Z_{11} & Z_{12} \\ Z_{21} & Z_{22} \end{pmatrix} \begin{pmatrix} I_1 \\ I_2 \end{pmatrix} \qquad (9・9)$$

となる．Z 行列における Z_{11}，Z_{12}，Z_{21}，Z_{22} を Z パラメータと呼ぶ．

　2 端子対回路の重要情報である電圧，電流，すなわち V_1，V_2，I_1，I_2 に注目し，これらを関係付ける行列は

$$\begin{pmatrix} ① \\ ② \end{pmatrix} = \begin{pmatrix} \times & \times \\ \times & \times \end{pmatrix} \begin{pmatrix} ③ \\ ④ \end{pmatrix} \qquad (9・10)$$

となるので，式 (9・10) の①〜④に V_1，V_2，I_1，I_2 のいずれかが重複することなく入る入り方は，$_4P_4 = 24$ 通りとなるが，上下を入れ替えたものは同じであるから，その半分の 12 通りとなる．12 通りの中で実際に使われる行列は前述の Z 行列（Z パラメータ），Y 行列（Y パラメータ），H 行列（H パラメータ），F 行列（F パラメータ）の 4 種類である．

(1) Z 行列（パラメータ）

$$\begin{pmatrix} V_1 \\ V_2 \end{pmatrix} = \begin{pmatrix} Z \end{pmatrix} \begin{pmatrix} I_1 \\ I_2 \end{pmatrix}$$ 電圧と電流の関係

(2) Y 行列（パラメータ）

$$\begin{pmatrix} I_1 \\ I_2 \end{pmatrix} = \begin{pmatrix} Y \end{pmatrix} \begin{pmatrix} V_1 \\ V_2 \end{pmatrix}$$ 電流と電圧の関係

(3) H 行列（パラメータ）

$$\begin{pmatrix} V_1 \\ I_2 \end{pmatrix} = \begin{pmatrix} H \end{pmatrix} \begin{pmatrix} I_1 \\ V_2 \end{pmatrix}$$ 電圧と電流をミックスした関係

(4) F 行列（パラメータ）

$$\begin{pmatrix} V_1 \\ I_1 \end{pmatrix} = \begin{pmatrix} F \end{pmatrix} \begin{pmatrix} V_2 \\ I_2 \end{pmatrix}$$ 入力と出力の関係

それぞれについて詳しく見ていこう．なお，電圧，電流，インピーダンスにはドット（・）をつけてフェーザ表示（複素数表示）を強調する場合もあるが，本書では各種パラメータも含めて自明の理であるから，簡略表記としてドットはつけない．

5 インピーダンス行列（Z 行列）とは

電圧 V_1, V_2 と電流 I_1, I_2 の関係を規定する式（9・9）において行列要素 Z_{11}〔Ω〕は式（9・9）で $I_2 = 0$ としたときの V_1 と I_1 の比で表されるので式（9・11）となる．

$$Z_{11} = \left. \frac{V_1}{I_1} \right|_{I_2=0} \text{〔Ω〕} \quad \begin{cases} \text{出力端子を開放したとき，すなわち} \\ I_2 = 0 \text{のときの入力インピーダンス} \\ \text{（駆動点インピーダンス）} \end{cases} \quad (9・11)$$

同様に Z_{12}〔Ω〕は $I_1 = 0$ としたときの V_1 と I_2 の比で表され，式（9・12）となる．Z_{21}〔Ω〕，Z_{22}〔Ω〕も同様にして決められる．入出力電圧 V_1, V_2 と入出力電流 I_1, I_2 を関係づける行列を**インピーダンス行列（インピーダンスマトリク**

ス，**Z 行列**，**Z マトリクス**) と呼び，行列要素 Z_{ij} を**インピーダンスパラメータ**（または **Z パラメータ**）と呼ぶ．

$$Z_{12} = \left.\frac{V_1}{I_2}\right|_{I_1=0} \text{〔Ω〕} \quad \left\{\begin{array}{l}\text{入力端子を開放したとき，すなわち}\\ I_1 = 0 \text{のときの相互インピーダンス}\\ \text{(伝達インピーダンス)}\end{array}\right. \quad (9 \cdot 12)$$

$$Z_{21} = \left.\frac{V_2}{I_1}\right|_{I_2=0} \text{〔Ω〕} \quad \left\{\begin{array}{l}\text{出力端子を開放したとき，すなわち}\\ I_2 = 0 \text{のときの相互インピーダンス}\\ \text{(伝達インピーダンス)}\end{array}\right. \quad (9 \cdot 13)$$

$$Z_{22} = \left.\frac{V_2}{I_2}\right|_{I_1=0} \text{〔Ω〕} \quad \left\{\begin{array}{l}\text{入力端子を開放したとき，すなわち}\\ I_1 = 0 \text{のときの出力インピーダンス}\\ \text{(駆動点インピーダンス)}\end{array}\right. \quad (9 \cdot 14)$$

ブラックボックスの中の回路が不明な場合でも，上述のように入出力電圧，入出力電流を測定すればパラメータを求めることができる．

式 (9・11) から Z_{11} は端子 1-1′ の電圧と電流の比であり，入力端子で測定した入力インピーダンス，Z_{22} は端子 2-2′ の電圧と電流の比であり，出力端子で測定した出力インピーダンスである．Z_{21} は入力電流 I_1 によって発生する出力電圧 V_2 と I_1 から決まるインピーダンスであり，一端子対回路の電圧と電流で決まるインピーダンスとは異なり，二端子対回路特有の量であり，**相互インピーダンス**（または**伝達インピーダンス**）(transfer impedance) と呼ばれている．

相互インピーダンス/伝達インピーダンスは，変圧器の入力電流と出力電圧の関係を考えるとわかりやすい．Z_{21} が大きいとわずかな入力電流 I_1 で大きい出力電圧 V_2 を生じる．回路網が抵抗 R，インダクタ L（コイル），コンデンサ C（キャパシタ）などの受動素子のみからなるときは $Z_{21} = Z_{12}$ となる．

[例題 1]
下図の回路網のインピーダンス行列（Z 行列）を求めなさい．

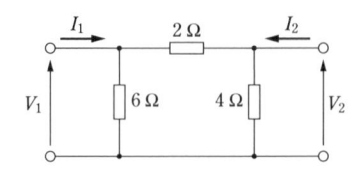

[解答]

Z_{11} は出力端子を開放 ($I_2 = 0$) したときの駆動点インピーダンスであるから $6\,\Omega$ と $2\,\Omega + 4\,\Omega$ の並列抵抗値となるので

$$Z_{11} = \left.\frac{V_1}{I_1}\right|_{I_2=0} = \frac{6\,\Omega \cdot (2\,\Omega + 4\,\Omega)}{6\,\Omega + (2\,\Omega + 4\,\Omega)} = 3\,\Omega \tag{1}$$

V_2 は V_1 が $2\,\Omega$ と $4\,\Omega$ で分圧されるので

$$V_2 = \frac{4\,\Omega}{2\,\Omega + 4\,\Omega} V_1 = \frac{2}{3} V_1 \tag{2}$$

であり,式 (1) から $V_1/I_1 = 3\,\Omega$ であるから

$$Z_{21} = \left.\frac{V_2}{I_1}\right|_{I_2=0} = \frac{2}{3} \cdot \frac{V_1}{I_1} = 2\,\Omega \tag{3}$$

Z_{22} は入力端子を開放したときの駆動点インピーダンスであるから

$$Z_{22} = \left.\frac{V_2}{I_2}\right|_{I_1=0} = \frac{4\,\Omega \cdot (2\,\Omega + 6\,\Omega)}{4\,\Omega + (2\,\Omega + 6\,\Omega)} = \frac{8}{3}\,\Omega \tag{4}$$

V_1 は V_2 が $2\,\Omega$ と $6\,\Omega$ で分圧されるので,$V_1 = \frac{6\,\Omega}{2\,\Omega + 6\,\Omega} V_2 = \frac{3}{4} V_2$ であり,式 (4) から $V_2 = Z_{22} I_2 = \frac{8}{3} I_2$,したがって

$$Z_{12} = \left.\frac{V_1}{I_2}\right|_{I_1=0} = \frac{\frac{3}{4} V_2}{I_2} = \frac{3}{4} \cdot \frac{8}{3} = 2\,\Omega \tag{5}$$

つまり,$Z_{12} = Z_{21}$ であることが確認できた.

以上よりインピーダンス行列 Z は次のとおりとなる.

$$(Z) = \begin{pmatrix} 3 & 2 \\ 2 & 8/3 \end{pmatrix}$$

6 二端子対回路の直列接続について学ぼう

図 9·9 は一見並列接続に見えるが,上のブラックボックスから下のブラックボックスへ電流が直列に流れているので,直列接続である.二端子対回路 Z,Z' を直列接続した Z 行列の各行列要素は Z および Z' の各行列要素の和となる.

$$(Z) = \begin{pmatrix} Z_{11} & Z_{12} \\ Z_{21} & Z_{22} \end{pmatrix} + \begin{pmatrix} Z'_{11} & Z'_{12} \\ Z'_{21} & Z'_{22} \end{pmatrix} = \begin{pmatrix} Z_{11} + Z'_{11} & Z_{12} + Z'_{12} \\ Z_{21} + Z'_{21} & Z_{22} + Z'_{22} \end{pmatrix}$$

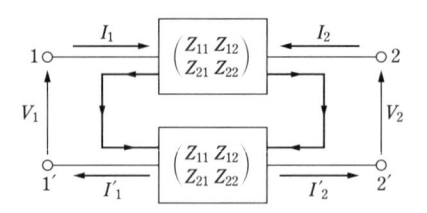

● 図 9・9　二端子対回路の直列 ●

7 アドミタンス行列（Y 行列）とは

インピーダンス行列（Z 行列）が電圧と電流の関係，すなわち $(V)=(Z)(I)$ を規定していたのに対して，**アドミタンス行列（Y 行列）**は電流と電圧の関係を規定する．

$$\begin{pmatrix} I_1 \\ I_2 \end{pmatrix} = \begin{pmatrix} Y_{11} & Y_{12} \\ Y_{21} & Y_{22} \end{pmatrix} \begin{pmatrix} V_1 \\ V_2 \end{pmatrix} \tag{9・15}$$

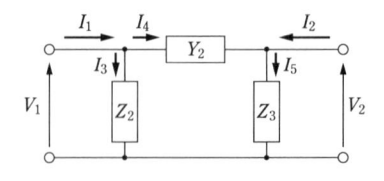

図 9・10 に示す π 型回路において，キルヒホッフの法則より

$$I_1 = I_3 + I_4, \quad I_3 = Y_1 V_1, \quad I_4 = Y_2(V_1 - V_2)$$

I_1 の式に I_3，I_4 を代入して

$$I_1 = (Y_1 + Y_2)V_1 - Y_2 V_2 \tag{9・16}$$

同様に $I_2 + I_4 = I_5$，$I_5 = Y_3 V_2$ より

$$I_2 = I_5 - I_4 = -Y_2 V_1 + (Y_2 + Y_3)V_2 \tag{9・17}$$

したがって

$$\begin{pmatrix} I_1 \\ I_2 \end{pmatrix} = \begin{pmatrix} Y_1+Y_2 & -Y_2 \\ -Y_2 & Y_2+Y_3 \end{pmatrix} \begin{pmatrix} V_1 \\ V_2 \end{pmatrix} \tag{9・18}$$

よって，アドミタンス行列（Y 行列）パラメータは

$$\begin{pmatrix} Y_{11} & Y_{12} \\ Y_{21} & Y_{22} \end{pmatrix} \begin{pmatrix} Y_1+Y_2 & -Y_2 \\ -Y_2 & Y_2+Y_3 \end{pmatrix} \tag{9・19}$$

● 図 9・10　π 型回路 ●

であり，Y パラメータは

$$Y_{11} = Y_1 + Y_2$$
$$Y_{12} = Y_{21} = -Y_2 \tag{9・20}$$
$$Y_{22} = Y_2 + Y_3$$

となる．

電源を含まない回路網では，Z パラメータにおいて $Z_{12} = Z_{21}$ であったのと同様に，Y パラメータにおいても $Y_{12} = Y_{21}$ となる．回路の詳細がわかっていない場合の Y パラメータは入力端子または出力端子を短絡することにより，以下のように求めることができる．

$$Y_{11} = \left.\frac{I_1}{V_1}\right|_{V_2=0} \text{〔S〕} \quad \begin{pmatrix} \text{出力端子を短絡したとき，すなわち} \\ V_2 = 0 \text{のときの入力アドミタンス} \\ \text{（駆動点アドミタンス）} \end{pmatrix} \tag{9・21}$$

$$Y_{12} = \left.\frac{I_1}{V_2}\right|_{V_1=0} \text{〔S〕} \quad \begin{pmatrix} \text{入力端子を短絡したとき，すなわち} \\ V_1 = 0 \text{のときの相互アドミタンス} \\ \text{（伝達アドミタンス）} \end{pmatrix} \tag{9・22}$$

$$Y_{21} = \left.\frac{I_2}{V_1}\right|_{V_2=0} \text{〔S〕} \quad \begin{pmatrix} \text{出力端子を短絡したとき，すなわち} \\ V_2 = 0 \text{のときの出力アドミタンス} \\ \text{（伝達アドミタンス）} \end{pmatrix} \tag{9・23}$$

$$Y_{22} = \left.\frac{I_2}{V_2}\right|_{V_1=0} \text{〔S〕} \quad \begin{pmatrix} \text{入力端子を短絡したとき，すなわち} \\ V_1 = 0 \text{のときの出力アドミタンス} \\ \text{（駆動点アドミタンス）} \end{pmatrix} \tag{9・24}$$

まとめ

・複雑な回路網を単なるブラックボックスと考えると，ブラックボックスへの入出力端子が1対（2本，2端子）の場合を一端子対網（二端子回路）と呼ぶ．
・ブラックボックスへの入出力端子が2対（4本，4端子）の場合を二端子対網（四端子回路）と呼ぶ．
・四端子回路の代表例は Z 行列（電圧と電流の関係），Y 行列（電流と電圧の関係），H 行列（電圧と電流をミックスした関係），F 行列（入力と出力の関係）の4種類である．

演習問題

問1 図の回路網のアドミタンス行列を求めなさい．

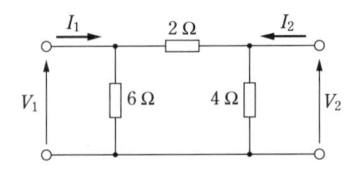

10章

二端子対回路（四端子回路）

二端子対回路（四端子回路）には Z 行列（電圧と電流の関係），Y 行列（電流と電圧の関係），H 行列（電圧と電流をミックスした関係），F 行列（入力と出力の関係）の4種類があり，Z 行列（Z パラメータ）と，Y 行列（Y パラメータ）については9章で学んだので，本章ではトランジスタなどの能動素子の解析に使われる H 行列（H パラメータ）と電力系統の解析に用いられる F 行列（F パラメータ）について学ぶ．

1 ハイブリッド行列（H行列）とは

図 **10・1** で示したモデルにおいて，電圧・電流の関係式を式（10・1）で表したとき

$$\begin{pmatrix} V_1 \\ I_2 \end{pmatrix} = \begin{pmatrix} h_{11} & h_{12} \\ h_{21} & h_{22} \end{pmatrix} \begin{pmatrix} I_1 \\ V_2 \end{pmatrix} \quad (10・1)$$

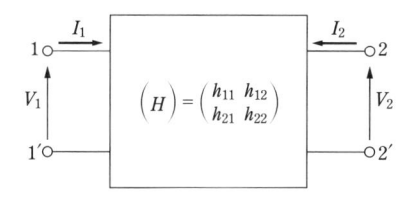

● 図 **10・1** H パラメータ ●

電圧と電流が混在しているので混在（hybrid，ハイブリッド）の頭文字をとって H **行列**（ハイブリッド行列，H **パラメータ**）と呼ぶ．

H 行列はトランジスタのような能動素子の特性を表すのに便利である．図 **10・2** にトランジスタ回路の H パラメータ表示を示す．

H 行列における各行列要素（H パラメータ）は以下のようにして求めることができる．

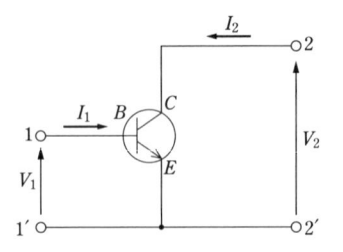

図10・2 トランジスタ回路の H パラメータ表示

$$h_{11} = \left.\frac{V_1}{I_1}\right|_{V_2=0} \text{〔Ω〕} \quad \begin{pmatrix} \text{出力端子を短絡したとき，すなわち} \\ V_2 = 0 \text{のときの入力インピーダンス} \\ \text{（駆動点アドミタンス）} \end{pmatrix} \quad (10・2)$$

$$h_{12} = \left.\frac{V_1}{V_2}\right|_{I_1=0} \quad \begin{pmatrix} \text{入力端子を開放したとき，すなわち} \\ I_1 = 0 \text{のときの電圧帰還率} \\ \text{（電圧伝達比）} \end{pmatrix} \quad (10・3)$$

$$h_{21} = \left.\frac{I_2}{I_1}\right|_{V_2=0} \quad \begin{pmatrix} \text{出力端子を短絡したとき，すなわち} \\ V_2 = 0 \text{のときの電流増幅率} \\ \text{（電流伝達比）} \end{pmatrix} \quad (10・4)$$

$$h_{22} = \left.\frac{I_2}{V_2}\right|_{I_1=0} \text{〔S〕} \quad \begin{pmatrix} \text{入力端子を開放したとき，すなわち} \\ I_1 = 0 \text{のときの出力アドミタンス〔S〕} \end{pmatrix} \quad (10・5)$$

[例題 1]

下図のエミッタ接地トランジスタ回路において，出力端子 2-2′ を短絡し ($V_2 = 0$)，入力電圧 $V_1 = 10\,\text{mV}$ を印加したとき，$I_1 = 2\,\text{mA}$，出力電流 $I_2 = 0.2\,\text{A}$ であった．このトランジスタの H パラメータ h_{11}, h_{21} を求めなさい．

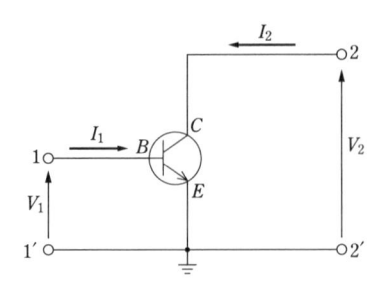

[解答]

$$h_{11} = \left.\frac{V_1}{I_1}\right|_{V_2=0} = \frac{10\text{mV}}{2\text{mA}} = 5 \text{ k}\Omega$$

$$h_{21} = \left.\frac{I_2}{I_1}\right|_{V_2=0} = \frac{0.2\text{A}}{2\text{mA}} = 100 \quad (電流増幅率)$$

2 基本行列（F 行列）について具体的な例題で学ぼう

基本行列（F 行列）は入力と出力の関係を規定する最も基本的な関係という意味でファンダメンタル（fundamental）の頭文字をとって **F 行列**（伝送行列，**F パラメータ**）と呼ぶ．

図 **10.3** に示すとおり，F 行列においては出力端の電流の向きがブラックボックスから出て行く方向であることに注意を要する．前述の Z 行列，Y 行列，H 行列の場合と逆向きであることに注意を要する．

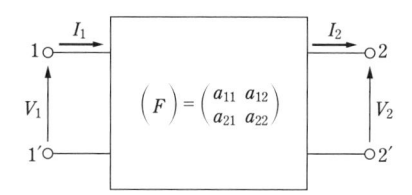

● 図 10・3　F 行列の二端子対回路 ●

電力系統の解析，分布定数回路など二端子対回路を多段接続して用いる場合に計算を容易にする目的で考案された手法である．

図 10・3 の二端子対回路の入力電圧 V_1 と入力電流 I_1 を出力電圧 V_2 と出力電流 I_2 の関数として表すと

$$V_1 = a_{11}V_2 + a_{12}I_2$$
$$I_1 = a_{21}V_2 + a_{22}I_2$$

これを行列で表すと式 (10・7) となる．

$$\begin{pmatrix} V_1 \\ I_1 \end{pmatrix} = \begin{pmatrix} a_{11} & a_{12} \\ a_{21} & a_{22} \end{pmatrix} \begin{pmatrix} V_2 \\ I_2 \end{pmatrix} \quad (10 \cdot 7)$$

F 行列の行列要素 a_{ij} を **F パラメータ**と呼び，出力端子を開放あるいは短絡することにより，それぞれ以下のように求められる．

$$a_{11} = \left.\frac{V_1}{V_2}\right|_{I_2=0} \quad \begin{pmatrix} \text{出力端子を開放したとき,すなわち} \\ I_2 = 0 \text{のときの電圧伝送係数} \end{pmatrix} \quad (10\cdot 8)$$

$$a_{12} = \left.\frac{V_1}{I_2}\right|_{V_2=0} \text{[Ω]} \quad \begin{pmatrix} \text{出力端子を短絡したとき,すなわち} \\ V_2 = 0 \text{のときの伝達インピーダンス} \end{pmatrix} \quad (10\cdot 9)$$

$$a_{21} = \left.\frac{I_1}{V_2}\right|_{I_2=0} \text{[S]} \quad \begin{pmatrix} \text{出力端子を開放したとき,すなわち} \\ I_2 = 0 \text{のときの伝達アドミタンス} \end{pmatrix} \quad (10\cdot 10)$$

$$a_{22} = \left.\frac{I_1}{I_2}\right|_{V_2=0} \quad \begin{pmatrix} \text{出力端子を短絡したとき,すなわち} \\ V_2 = 0 \text{のときの電流伝送係数} \end{pmatrix} \quad (10\cdot 11)$$

a_{11} は出力端子開放時の電圧伝送係数を表すので $1/a_{11}$ は電圧伝達関数(電圧増幅度)を表す.一方,a_{22} は出力端子短絡時の電流伝送係数であるから,$1/a_{22}$ は電流伝達関数(電流増幅度)となる.

[例題2]

図の回路網の F 行列を求めなさい.

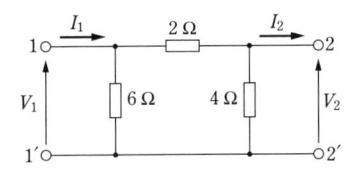

[解答]

式 (10・8) より,a_{11} は出力端子 2 を開放したときの入力電圧 V_1 と出力電圧 V_2 の比であり,I_1 は 6 Ω と (2 Ω + 4 Ω) に分流されるので $V_1 = 3I_1$,$V_2 = 4 \cdot \dfrac{I_1}{2} = 2I_1$ であるから

$$a_{11} = \frac{V_1}{V_2} = \frac{3I_1}{2I_1} = 1.5$$

となる.a_{12} は出力端子を短絡したときの V_1 と I_2 の比であり,$V_1 = 2I_2$ であるから

$$a_{12} = \frac{V_1}{I_2} = 2 \text{ Ω}$$

となる.a_{21} は a_{11} と同様,出力端子を開放したときの I_1 と V_2 の比であり,$V_2 = I_2/2 \times 4\text{ Ω} = 2I_1$ であるから

$$a_{21} = \frac{I_1}{V_2} = \frac{1}{2\,\Omega} = 0.5\text{ S}$$

となる．a_{22} は出力端子を短絡したときの出力電流 I_2 と入力電流 I_1 の比であり，$2I_2 = 6(I_1 - I_2)$ であるから，$6I_1 = 8I_2$．したがって

$$a_{22} = \frac{I_1}{I_2} = \frac{8}{6} = \frac{4}{3} \text{ となる．}$$

よって，求める F 行列は以下のとおりとなる．

$$(F) = \begin{pmatrix} 1.5 & 2 \\ 0.5 & 4/3 \end{pmatrix}$$

各行列要素（F パラメータ）の単位は式（10・8）～式（10・11）の定義より，a_{11}, a_{22} が無次元，a_{12} が〔Ω〕，a_{21} が〔S〕（ジーメンス）である．

[例題 3]

下図の－型回路および｜型回路の F 行列を求めなさい．

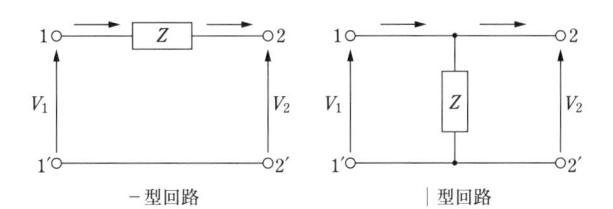

[解答]

最も簡単な二端子対回路（－型回路，｜型回路）の F 行列は以下のように求められる．

－型回路において，$V_1 = V_2 + I_1 Z$, $I_1 = I_2$ であるから

$$a_{11} = \left.\frac{V_1}{V_2}\right|_{I_2=0} = 1,\ a_{12} = \left.\frac{V_1}{I_2}\right|_{V_2=0} = Z$$

$$a_{21} = \left.\frac{I_1}{V_2}\right|_{I_2=0} = 0,\ a_{22} = \left.\frac{I_1}{I_2}\right|_{V_2=0} = 1$$

したがって，$(F) = \begin{pmatrix} 1 & Z \\ 0 & 1 \end{pmatrix}$

一方，Ⅰ型回路において，$V_1 = V_2$，$I_1 = V_2/Z + I_2$ であるから

$$\left(F\right) = \begin{pmatrix} 1 & 0 \\ 1/Z & 1 \end{pmatrix} \text{ となる.}$$

[例題 4]

下図の T 型回路の F 行列を求めなさい.

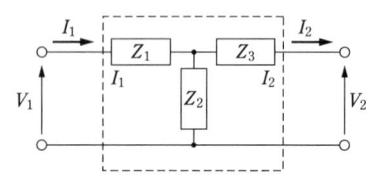

[解答]

出力端を開放（$I_2 = 0$）したとき V_1 は Z_1 と Z_2 で分圧されるので

$$V_2 = \frac{Z_2}{Z_1 + Z_2} V_1, \quad a_{11} = \left.\frac{V_1}{V_2}\right|_{I_2=0} \text{ より}$$

$$a_{11} = (Z_1 + Z_2)/Z_2$$

一方，このとき $V_2 = Z_2 I_1$ であるから

$$a_{21} = \left.\frac{I_1}{V_2}\right|_{I_2=0} \text{ より,} \quad a_{21} = 1/Z_2$$

同様に出力端子を短絡（$V_2 = 0$）したとき

$$I_2 = \frac{Z_2}{Z_2 + Z_3} I_1, \quad I_1 = \frac{V_1}{Z_1 + \dfrac{Z_2 Z_3}{Z_2 + Z_3}} \text{ であるから}$$

$$a_{12} = \left.\frac{V_1}{I_2}\right|_{V_2=0} = \frac{\left(Z_1 + \dfrac{Z_2 Z_3}{Z_2 + Z_3}\right) I_1}{\dfrac{Z_2}{Z_2 + Z_3} I_1} = \frac{Z_1 Z_2 + Z_2 Z_3 + Z_3 Z_1}{Z_2}$$

一方 $a_{22} = \left.\dfrac{I_1}{I_2}\right|_{V_2=0} = (Z_2 + Z_3)/Z_2$

よって，求める F 行列は以下のとおりとなる.

$$\begin{pmatrix} F \end{pmatrix} = \begin{pmatrix} 1+Z_1/Z_2 & (Z_1Z_2+Z_2Z_3+Z_3Z_1)/Z_2 \\ 1/Z_2 & 1+Z_3/Z_2 \end{pmatrix}$$

典型的な回路網について F 行列を求め，一覧表にすると**表 10·1** のとおりとなる．

● 表 10·1　F 行列の各パラメータ ●

回路名	回路図	a_{11}	a_{12}	a_{21}	a_{22}
一型	Z	1	Z	0	1
｜型	Z	1	0	$\dfrac{1}{Z}$	1
逆L型	Z_1, Z_2	$1+\dfrac{Z_1}{Z_2}$	Z_1	$\dfrac{1}{Z_2}$	1
Γ型	Z_2, Z_1	1	Z_2	$\dfrac{1}{Z_1}$	$1+\dfrac{Z_2}{Z_1}$
T型	Z_1, Z_3, Z_2	$1+\dfrac{Z_1}{Z_2}$	$\dfrac{Z_1Z_2+Z_2Z_3+Z_3Z_1}{Z_2}$	$\dfrac{1}{Z_1}$	$1+\dfrac{Z_3}{Z_2}$
π型	Z_2, Z_1, Z_3	$1+\dfrac{Z_3}{Z_2}$	Z_2	$\dfrac{Z_1+Z_2+Z_3}{Z_1Z_3}$	$1+\dfrac{Z_2}{Z_1}$

3 二端子対回路の縦続接続（カスケード接続）について学ぼう

複雑な電気回路網も 2 つの回路に分けて考えるとわかりやすい場合が多い．図 **10・4** に示すように 2 つの二端子対回路が接続されており，最初の二端子対回路の出力が次の段の二端子対回路の入力に接続されていると考えられる回路網が多い．これを**縦続接続（カスケード接続）**と呼ぶ．最初の二端子対回路の出力電流を符号を変えずに次段の入力電流とすることができる F 行列を用いて計算するのが便利である．

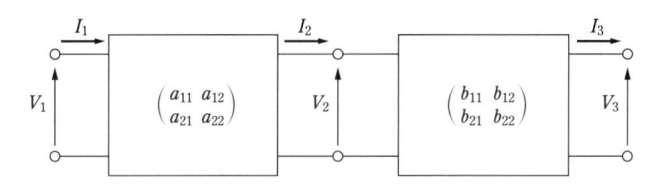

● 図 **10・4** 縦続接続（カスケード接続） ●

$$\begin{pmatrix} V_1 \\ I_1 \end{pmatrix} = \begin{pmatrix} a_{11} & a_{12} \\ a_{21} & a_{22} \end{pmatrix} \begin{pmatrix} V_2 \\ I_2 \end{pmatrix} \tag{10・12}$$

$$\begin{pmatrix} V_2 \\ I_2 \end{pmatrix} = \begin{pmatrix} b_{11} & b_{12} \\ b_{21} & b_{22} \end{pmatrix} \begin{pmatrix} V_3 \\ I_3 \end{pmatrix} \tag{10・13}$$

したがって

$$\begin{pmatrix} V_1 \\ I_1 \end{pmatrix} = \begin{pmatrix} a_{11} & a_{12} \\ a_{21} & a_{22} \end{pmatrix} \begin{pmatrix} b_{11} & b_{12} \\ b_{21} & b_{22} \end{pmatrix} \begin{pmatrix} V_3 \\ I_3 \end{pmatrix} \tag{10・14}$$

一方

$$\begin{pmatrix} c_{11} & c_{12} \\ c_{21} & c_{22} \end{pmatrix} = \begin{pmatrix} a_{11} & a_{12} \\ a_{21} & a_{22} \end{pmatrix} \begin{pmatrix} b_{11} & b_{12} \\ b_{21} & b_{22} \end{pmatrix}$$

において c_{11}, c_{12} は のように計算できる．

$$c_{11} = a_{11}b_{11} + a_{12}b_{21}$$
$$c_{12} = a_{11}b_{12} + a_{12}b_{22}$$

同様に

$$c_{21} = a_{21}b_{11} + a_{22}b_{21}$$
$$c_{22} = a_{21}b_{12} + a_{22}b_{22}$$

であるから

$$\begin{pmatrix} V_1 \\ I_1 \end{pmatrix} = \begin{pmatrix} a_{11}b_{11} + a_{12}b_{21} & a_{11}b_{12} + a_{12}b_{22} \\ a_{21}b_{11} + a_{22}b_{21} & a_{21}b_{12} + a_{22}b_{22} \end{pmatrix} \begin{pmatrix} V_3 \\ I_3 \end{pmatrix} \qquad (10 \cdot 15)$$

[例題 5]

図の回路（逆 L 型）を－型回路と｜型回路の縦続接続と考え，F 行列を求めなさい．

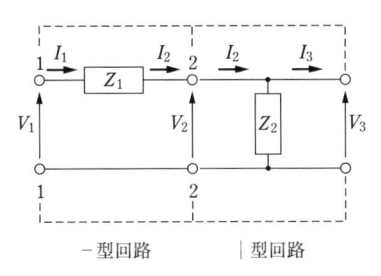

－型回路　　｜型回路

[解答]

初段の回路において $V_1 = Z_1 I_2 + V_2$，$I_1 = I_2$ であるから

$$\begin{pmatrix} V_1 \\ I_1 \end{pmatrix} = \begin{pmatrix} 1 & Z_1 \\ 0 & 1 \end{pmatrix} \begin{pmatrix} V_2 \\ I_2 \end{pmatrix}$$

一方，次段の回路において $V_2 = V_3$，$I_2 = V_3/Z_2 + I_3$ であるから

$$\begin{pmatrix} V_2 \\ I_2 \end{pmatrix} = \begin{pmatrix} 1 & 0 \\ 1/Z_2 & 1 \end{pmatrix} \begin{pmatrix} V_3 \\ I_3 \end{pmatrix}$$

よって－型回路と｜型回路が縦続接続された逆 L 型回路の F 行列は次のとおりとなる．

$$\begin{pmatrix} F \end{pmatrix} = \begin{pmatrix} 1 & Z_1 \\ 0 & 1 \end{pmatrix} \begin{pmatrix} 1 & 0 \\ 1/Z_2 & 1 \end{pmatrix}$$

$$= \begin{pmatrix} 1 + Z_1/Z_2 & Z_1 \\ 1/Z_2 & 1 \end{pmatrix}$$

つまり，表 10·1 と一致することが確認できた．

4 インピーダンス変換とは

図 10·5 に示す 2 端子回路の出力端子に負荷 Z_L を接続した場合を考えてみよう．

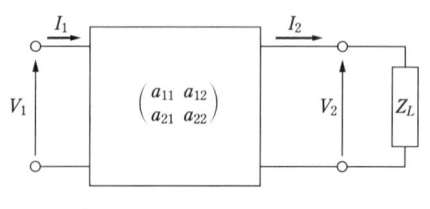

● 図 10·5 インピーダンス ●

$$\begin{pmatrix} V_1 \\ I_1 \end{pmatrix} = \begin{pmatrix} a_{11} & a_{12} \\ a_{21} & a_{22} \end{pmatrix} \begin{pmatrix} V_2 \\ I_2 \end{pmatrix}$$

であり，また出力端子において $V_2 = Z_L I_2$ であるから

$$V_1 = a_{11}V_2 + a_{12}I_2 = (a_{11}Z_L + a_{12})I_2 \tag{10·16}$$

$$I_1 = a_{21}V_2 + a_{22}I_2 = (a_{21}Z_L + a_{22})I_2 \tag{10·17}$$

入力端子 1-1′ から見た回路網の入力インピーダンス Z_in は $Z_\text{in} = V_1/I_1$ で求められるので式 (10·16)，式 (10·17) より式 (10·18) のとおりとなる．

$$Z_\text{in} = \frac{V_1}{I_1} = \frac{a_{11}Z_L + a_{12}}{a_{21}Z_L + a_{22}} \tag{10·18}$$

つまり，負荷 Z_L が F 行列を介して Z_in にインピーダンス変換（impedance transformation）されたことになる．

一方，式 (10·18) を Z_L について解くと

$$Z_L = \frac{a_{12} - a_{22}Z_\text{in}}{a_{11} - a_{21}Z_\text{in}} \tag{10·19}$$

となる．

つまり，入力側のインピーダンスが出力側に変換された．

インピーダンス変換は出力を次段の回路網へ接続する場合に便利である．

[例題 6]

図の巻数 $1:n$ の理想変圧器の F 行列を求め，負荷 R_L を接続した場合の入力インピーダンス Z_in を求めなさい．

[解答]

巻数比 $1:n$ の理想変圧器であるから

$V_2 = nV_1,\ I_2 = I_1/n$

つまり $\begin{pmatrix} V_1 \\ I_1 \end{pmatrix} = \begin{pmatrix} 1/n & 0 \\ 0 & n \end{pmatrix} \begin{pmatrix} V_2 \\ I_2 \end{pmatrix}$

したがって，求める F 行列は

$\begin{pmatrix} F \end{pmatrix} = \begin{pmatrix} 1/n & 0 \\ 0 & n \end{pmatrix}$

よって，2次側（出力端子 2-2′）に負荷 R_L を接続した場合の入力インピーダンス Z_{in} は式 (10·18) より

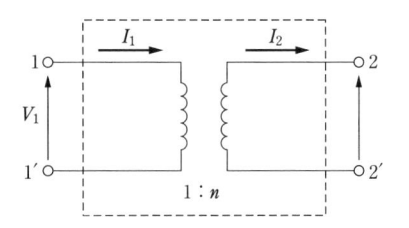

$$Z_{\mathrm{in}} = \frac{\dfrac{1}{n}R_L}{n} = \frac{R_L}{n^2}$$

となる．

10章 二端子対回路（四端子回路）

まとめ

- 四端子回路には Z 行列（電圧と電流の関係），Y 行列（電流と電圧の関係），H 行列（電圧と電流をミックスした関係），F 行列（入力と出力の関係）の4種類がある．
- トランジスタなどの能動素子の解析には H 行列（H パラメータ）が便利である．
- 電力系統の解析には縦続接続が容易な F 行列（F パラメータ）が便利である．

演習問題

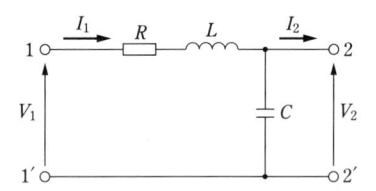

問1 図の回路網の F 行列を求めなさい．

11章

フィルタ回路

　受動素子は，具体的には抵抗とコンデンサにより構成される，基本的なフィルタ回路，その伝達関数としてはラプラス変換形で一次の回路を取り上げる．まずフィルタの使用目的，工学的意義について述べる．次に，これらの基本的性質，および数学的取り扱い方を示す．動作特性の詳細とその解釈の仕方，応用方法などを解説する．適宜例題を用い，具体的数値を用いた計算方法の事例も取り上げる．

1 フィルタとは

　フィルタは日本語では濾波器と呼ぶ．文字通り，フィルタへの入力の「波を濾して」出力するのである．濾し取るものは何かというと入力波形に含まれる不必要な周波数成分である．これがフィルタの重要な機能の一つである．理想的には，この不必要な周波数成分が出力波形には含まれない．

　フィルタ回路には多種多様な回路があるが，本章では最も基本的なものに絞る．基本的なフィルタ回路とは，各一個の抵抗とコンデンサで構成される回路である．入力は直流成分を含むひずみ波交流電圧源として考察を進める．直流成分とは，交流波形を上または下に平行移動させる電圧成分である．周波数ゼロの交流成分と考えてもよい．以降，「直流成分を含む」という表記は省略する．

　交流の周波数を ω とすると，インダクタンスとコンデンサのインピーダンス Z_L, Z_C は

$$Z_L = j\omega L \tag{11・1}$$

$$Z_C = 1/j\omega C \tag{11・2}$$

である．

　これらから，インダクタンスとコンデンサのインピーダンスは周波数によって変化することがわかる．電源つまりフィルタ回路への入力が，例えば電力会社が供給する 50 Hz または 60 Hz の単一の周波数の場合には，Z_L, Z_C が周波数に依存することにはあまり注意を払う必要がない．

　入力がひずみ波交流である場合は，複数の周波数成分が含まれるので，このイ

ンピーダンスの周波数依存性が効くのである．

❷ 低域通過フィルタ（low pass filter）について学ぼう

図 11・1 の RC 直列回路を考える．図中，破線で囲った RC 直列部分に注目する．この部分がフィルタである．電源電圧 V_in をこのフィルタの入力，C の両端の電圧 V_out を出力と考える．図中の左側の 2 つの白丸が入力を受ける端子，右側の 2 つの白丸が出力を出す端子である．フィルタ回路は四端子回路である．

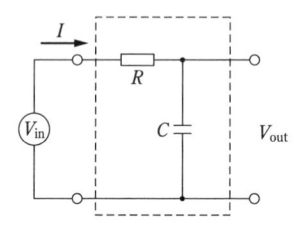

● 図 11・1　低域通過フィルタ（low pass filter）としての RC 回路 ●

周波数はまず単一の ω で考える．後にこの ω を $0\sim\infty$ に変化させ，ひずみ波交流に対するフィルタの特性を考える．

周波数を単一の ω としたので，交流入力電圧 V_in と交流出力電圧 V_out はフェーザとして扱う．フェーザはベクトルの一種で，元の交流の振幅を大きさ，位相角を偏角とし，周波数を除去した複素数である．フェーザを適用する場合は，周波数を一つに特定するので，考慮する必要がないのである．

V_in と V_out の関係を，直列素子間の電圧のインピーダンスによる比例配分により求める．

$$V_\text{out} = \frac{1/j\omega C}{R+1/j\omega C} V_\text{in} = \frac{1}{1+j\omega RC} V_\text{in} \tag{11・3}$$

式 (11・3) から，入力 V_in の大きさと位相が，このフィルタを通過することにより，どのように出力 V_out の大きさと位相として現れるかを考察する．ここで，V_in と V_out の比で定義される関数 $G(\omega)$ を導入する．この定義と式 (11・3) より

$$V_\text{out} = G(\omega) V_\text{in} \tag{11・4}$$

$$G(\omega) = \frac{V_\text{out}}{V_\text{in}} = \frac{1}{1+j\omega RC} \tag{11・5}$$

である．関数 $G(\omega)$ は周波数 ω の関数であることに注意すること．この様に，入力と出力の比で定義される関数を，**周波数応答**と呼ぶ．

式 (11・5) から分かるように，周波数応答 $G(\omega)$ は複素関数である．式 (11・4) から V_{out} は，ともに複素関数である $G(\omega)$ と V_{in} の積であるから，その大きさ，つまり絶対値は $G(\omega)$ と V_{in} の絶対値の積，位相角は両者の和である．

$$|V_{\mathrm{out}}| = |G(\omega)||V_{\mathrm{in}}| \tag{11・6}$$

$$\angle V_{\mathrm{out}} = \angle G(\omega) + \angle V_{\mathrm{in}} \tag{11・7}$$

以上から，**図 11・1** の RC フィルタへの入力は，大きさが $|G(\omega)|$ 倍，位相角が $\angle G(\omega)$ だけ足されて出力として伝えられるのである．$|G(\omega)|$，$\angle G(\omega)$ はともに周波数の関数で，次式で与えられる．

$$|G(\omega)| = \frac{1}{\sqrt{1+(\omega RC)^2}} \tag{11・8}$$

$$\angle G(\omega) = -\arctan(\omega RC) \tag{11・9}$$

以上から，周波数が低いほど（$\omega \to 0$）式 (11・8) の右辺分母の $(\omega RC)^2$ の項が小さくなり，$|G(\omega)|$ は 1 に近づき，$\angle G(\omega)$ は $0°$ に近づく．つまり，周波数の低い正弦波信号はほぼそのまま出力として現れる．この特性から，図 11・1 の RC フィルタは**低域通過フィルタ** (low pass filter) と呼ばれるのである．

逆に周波数が高くなると式 (11・8) の右辺分母の $(\omega RC)^2$ が支配的になるので，$|G(\omega)|$ は 0 に近づき，$\angle G(\omega)$ は $-90°$ に近づく．つまり，周波数の高い正弦波信号ほど振幅を小さくされる．このことを**減衰**という．位相は $90°$ 遅れる．$|G(\omega)|$ は**ゲイン**と呼ばれる．RC 回路の微分方程式の次数は 1 であることと，周波数応答の観点から位相が遅れることに着目して，上記の伝達特性を**一次遅れ特性**と呼ぶ．

[例題 1]

　図 11・1 の回路で，$R = 1\,000/2\pi = 159.2\,\Omega$，$C = 10\,\mu\mathrm{F}$，入力信号を

　　$v_{\mathrm{in}} = 5\cos(20\pi t) + 5\cos(200\pi t) + 5\cos(2000\pi t)$

とする．出力信号を求めよ．

[解答]

　ここまでの入力は単一周波数であったが，本問の入力は 3 つの周波数成分の和であることに注意すること．計算に当たっては，フェーザを用いるが，フェーザによる計算は，周波数が同じもの同士でしか成り立たない．

出力を各周波数成分につき個別に求め，それらの和により全体の出力を求める．線形な系であるので，個々の成分の足し算は有効である．この方法は，重ね合わせの一例である．

① $\omega = 20\pi$ の周波数成分について

$$G(20\pi) = \frac{1}{1 + j20\pi \frac{1\,000}{2\pi} 10 \times 10^{-6}} = \frac{1}{1 + j0.1} = 0.995 \angle -5.71°$$

$$V_{\text{out}}(20\pi) = G(20\pi)V_{\text{in}} = 0.995 \angle -5.71° \times 5 \angle 0° = 4.975 \angle -5.71°$$

$$v_{\text{out}20\pi} = 4.975\cos(20\pi t - 5.71°)$$

② $\omega = 200\pi$ の周波数成分について

$$G(200\pi) = \frac{1}{1 + j200\pi \frac{1\,000}{2\pi} 10 \times 10^{-6}} = \frac{1}{1 + j1} = 0.707 \angle -45°$$

$$V_{\text{out}}(200\pi) = H(200\pi)V_{\text{in}} = 0.707 \angle -45° \times 5 \angle 0° = 3.535 \angle -45°$$

$$v_{\text{out}200\pi} = 3.535\cos(200\pi t - 45°)$$

③ $\omega = 2\,000\pi$ の周波数成分について

$$G(2\,000\pi) = \frac{1}{1 + j2\,000\pi \frac{1\,000}{2\pi} 10 \times 10^{-6}} = \frac{1}{1 + j10} = 0.0995 \angle -84.3°$$

$$V_{\text{out}}(2\,000\pi) = G(2\,000\pi)V_{\text{in}} = 0.0995 \angle -84.3° \times 5 \angle 0° = 0.4975 \angle -84.3°$$

$$v_{\text{out}2\,000\pi} = 0.4975\cos(2\,000\pi t - 84.3°)$$

④ 求める出力信号

$$\begin{aligned}V_{\text{out}}(t) &= V_{\text{out}20\pi} + V_{\text{out}200\pi} + V_{\text{out}2\,000\pi} \\ &= 4.975\cos(20\pi t - 5.71°) + 3.535\cos(200\pi t - 45°) \\ &\quad + 0.4975\cos(2\,000\pi t - 84.3°)\end{aligned}$$

以上の計算結果を見ると，

①より，$\omega = 20\pi$ の周波数成分は大きさも位相もほぼそのまま出力に現れる．

②より，$\omega = 200\pi$ の周波数成分は大きさが 0.707（$= 1/\sqrt{2}$）倍に減衰され，位相が $45°$ 遅れる．

③より，$\omega = 2\,000\pi$ の周波数成分は大きさが約 1 割にまで減衰され，殆ど出力側に現れない．位相はほぼ $90°$ 遅れる．

このことからも，図 11・1 の RC フィルタが「低域（周波数成分）通過フィルタ」であることが分かる．

現実の回路には，様々な要因によりノイズ（雑音）が混入する．一般にノイズ

の周波数成分は高いので，有用な周波数成分だけを通過させ，それより周波数の高いノイズを遮断する用途などにこのフィルタはよく使われる．

3 周波数応答とボード線図について学ぼう

例題1では，3つの周波数について RC フィルタの信号伝達特性を調べた．周波数をある範囲にわたって変えたときの，各々周波数での入・出力間の大きさの比率と位相のずれを周波数応答と呼ぶ．これは，周波数応答のゲイン特性 $|G(\omega)|$ と位相特性 $\angle G(\omega)$ を，周波数 ω の関数として考察することに相当する．この両特性を ω に対して図示することを考える．単純には，縦軸にゲイン（倍数），位相（角度），横軸に周波数を取って描けばよい．

まず横軸については，周波数そのものでは描ける周波数範囲が狭すぎる．そこで，横軸は周波数の常用対数（$\log_{10}$）を用いる．縦軸の角度については，せいぜい $\pm 360°$ 程度を納められればいいので，そのままで差し支えない．ゲインは相当大きい値域を取るのでやはり対数を用いる．ただし単純な対数ではなく，それを20倍したものを用いる．これを**デシベル**（decibel：dB）と呼ぶ．以下にその定義式を示す．

$$|H(\omega)|_{dB} = 20\log_{10}|H(\omega)| \qquad (11\cdot 10)$$

デシベルで注意すべき点は，
- $|G(\omega)| = 1$ の時，$|G(\omega)|_{dB} = 0\,\mathrm{dB}$
- $|G(\omega)| > 1$ の時，$|G(\omega)|_{dB} > 0$
- $|G(\omega)| < 1$ の時，$|G(\omega)|_{dB} < 0$

であることである．dBを用いると，ゲインは，増幅（$|G(\omega)| > 1$）のとき正，減衰（$|G(\omega)| < 1$）のとき負に対応するので，周波数応答ないしはその周波数応答で表される信号伝達要素（本章ではフィルタ回路）の増幅/減衰が明瞭に示される．

このようにして描くゲイン-周波数特性，および位相-周波数特性のグラフを**ボード線図**と呼ぶ．ボード線図はこれら二つの特性線図を一組としたものである．その内，ゲイン-周波数特性線図だけを単独で用いることも多い．

[例題2]

図11・1の低域通過フィルタ（low pass filter）で，$RC = 1$ の場合のボード線図を描け．

[解答]

[ゲイン-周波数特性]

式（11・8），（11・10）から，

$$|G(\omega)|_{dB} = 20\log_{10}\frac{1}{\sqrt{1+(\omega RC)^2}} = -20\log_{10}\sqrt{1+(\omega RC)^2}$$
$$= -10\log_{10}\{1+(\omega RC)^2\} \quad (11・11)$$

ここで，式（11・12）で定義される周波数 ω_B を導入する．

$$\omega_B = \frac{1}{RC} \quad (11・12)$$

式（11・12）を式（11・11）に代入する．

$$|G(\omega)|_{dB} = -10\log_{10}\left\{1+\left(\frac{\omega}{\omega_B}\right)^2\right\} \quad (11・13)$$

式（11・13）のゲイン-周波数特性を**図 11・2** に示す．

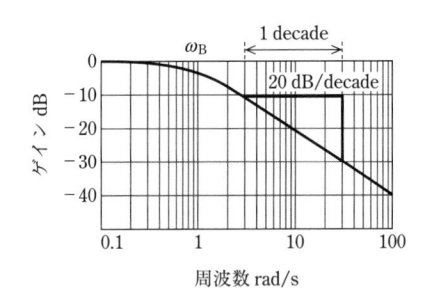

● 図 11・2　低域通過フィルタ（low pass filter）のゲイン-周波数線図 ●

この特性図の着目点を以下に列挙する．なお，図中に双方向の矢印で例示した，周波数が 10 倍変化する周波数範囲をデカード（decade）と呼ぶ．

① $\omega \ll \omega_B$：特性曲線はほぼ水平，つまりゲインは 0 dB でほぼ一定

ゲインは 0 dB，つまり $|G(\omega)|=1$ であるから，周波数がこの範囲の入力信号は，その大きさを殆ど変えられずに低域通過フィルタ（low pass filter）を通過する．

② $\omega \gg \omega_B$：特性曲線は傾斜が -20 dB/decade の線に漸近する．

周波数がこの範囲の入力信号は，その周波数が高いほど，大きく減衰されて低

域通過フィルタ（low pass filter）を通過する．換言すれば，この周波数範囲の入力は低域通過フィルタ（low pass filter）を通過しにくい．

③　ゲイン-周波数線図は，**図 11・3** の二本の折れ線で近似できる．

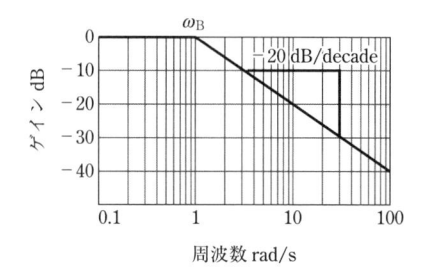

● 図 11・3　低域通過フィルタ（low pass filter）のゲイン-周波数線図の折れ線近似 ●

④　折れ線近似の折れ点の周波数が，ω_B である．ω_B を**折れ点周波数**（break-point frequency）と呼ぶ．

⑤　おおよその判断として，ω_B を境界点とし，それより低い周波数の信号は通過，高い信号は**遮断**（cutoff）されると考えられる．この意味で，ω_B を**遮断周波数**（cutoff frequency）とも呼ぶ．

⑥　$\omega = \omega_B$ では式 (11・8)，(11・13) より

$$|H(\omega_B)| = \frac{1}{\sqrt{1+(1)^2}} = \frac{1}{\sqrt{2}} \approx 0.707 \tag{11・14}$$

$$|H(\omega_B)|_{dB} = -10\log_{10}\left\{1+\left(\frac{\omega_B}{\omega_B}\right)^2\right\} = -10\log_{10} 2 \approx -3\,\mathrm{dB} \tag{11・15}$$

であるから，入力信号は絶対値で約 0.7 倍，デシベルで約 3 dB 減衰する．

［位相-周波数特性］

式 (11・9) に $RC = 1$ を代入して，この低域通過フィルタ（low pass filter）の位相-周波数特性を**図 11・4** に示す．

この特性図の着目点は以下のとおり．

①　$\omega \ll \omega_B$：$0°$ に漸近
②　$\omega = \omega_B$：$-45°$
③　$\omega \gg \omega_B$：$-90°$ に漸近

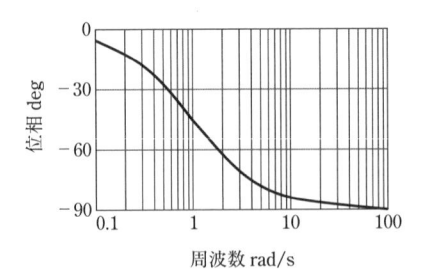

● 図11・4　低域通過フィルタ（**low pass filter**）の位相-周波数線図 ●

4 高域通過フィルタ（high pass filter）について学ぼう

　低域通過フィルタ（low pass filter）と丁度逆の特性を持つフィルタが**高域通過フィルタ**（high pass filter）である．**図11・5**にその一例を示す．これは図11・1の回路で，RとCの位置を入れ替えた回路である．別の見方をすれば，Cの両端の電圧の代わりに，Rの両端の電圧を出力とした回路である．

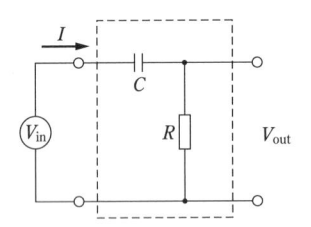

● 図11・5　高域通過フィルタ（**high pass filter**）としてのRC回路 ●

　式（11・3）〜（11・5）の過程と同様の過程でその周波数応答が導かれる．以下に式のみを示す．

$$V_{\text{out}} = \frac{R}{R + 1/j\omega C} V_{\text{in}} \tag{11・16}$$

$$G(\omega) = \frac{V_{\text{out}}}{V_{\text{in}}} = \frac{j\omega RC}{1 + j\omega RC} \tag{11・17}$$

［ゲイン-周波数特性］

$$\begin{aligned}
|G(\omega)|_{\text{dB}} &= 20\log_{10}\frac{\omega RC}{\sqrt{1+(\omega RC)^2}} \\
&= 20\log_{10}\omega RC - 20\log_{10}\sqrt{1+(\omega RC)^2} \\
&= 20\log_{10}\omega RC - 10\log_{10}\{1+(\omega RC)^2\}
\end{aligned} \tag{11・18}$$

[位相-周波数特性]

式 (11・17) より

$$\angle G(\omega) = 90° - \arctan(\omega RC) \qquad (11・19)$$

$RC = 1$,（$\omega_B = 1$）として，ゲイン-周波数特性と位相-周波数特性のボード線図を**図 11・6**，**図 11・7**に示す．ゲイン-周波数線図から低域通過フィルタ（low pass filter）とは逆に，ω_B を境界点とし，それより低い周波数の信号は遮断され，高い信号は通過すると考えられる．

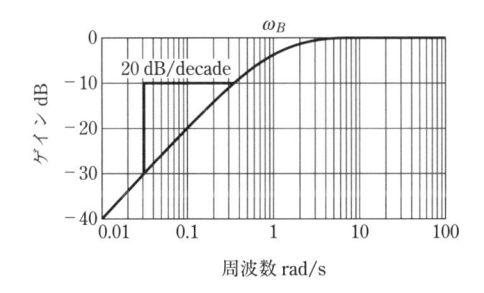

● 図 11・6　高域通過フィルタ（**high pass filter**）のゲイン-周波数線図 ●

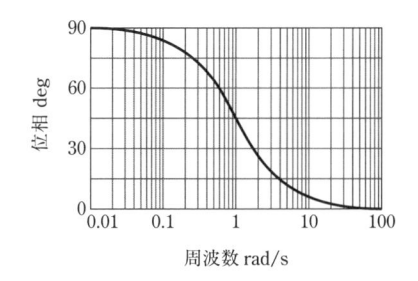

● 図 11・7　高域通過フィルタ（**high pass filter**）の位相-周波数線図 ●

5　RL フィルタ回路とは

図 11・8の抵抗 R とインダクタンス L を直列接続した回路を対象とする．以下の条件を設定する．

・入力はこれまでと同じ直流成分を含んだひずみ波交流電圧源 V_{in}

・出力は抵抗 R の両端の電圧 V_{out}

V_{in} と V_{out} の関係を，11 章 2 節ではインピーダンスを用いて直列素子間の電圧のインピーダンスによる比例配分により求めた．ここでは別の方法として伝達関

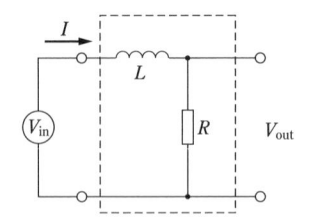

● 図 11・8　低域通過フィルタ (low pass filter) としての RL 回路 ●

数を適用する求め方を示す．入力を V_{in}，出力を電流 I とする伝達関数を $G'(s)$ とすると

$$I(s) = G'(s)V_{\text{in}}(s) \tag{11・20}$$

$$G'(s) = \frac{1}{Ls+R} \tag{11・21}$$

V_{out} は抵抗での電圧降下だから，入力を V_{in}，出力を V_{out} とする伝達関数 $G(s)$ は

$$V_{\text{out}}(s) = RI(s) \tag{11・22}$$

$$G(s) = \frac{R}{Ls+R} \tag{11・23}$$

伝達関数のラプラス演算 s に $j\omega$ を代入すれば，周波数応答 $G(\omega)$ が得られる．

$$G(\omega) = \frac{1}{1+j\omega\dfrac{L}{R}} \tag{11・24}$$

この結果は，低域通過フィルタ (low pass filter) としての RC 回路で求めた周波数応答の式 (11・5) にて，RC を L/R に置換した式となっている．従って，この RL 回路は低域通過フィルタ (low pass filter) である．その絶対値と位相の周波数に対する特性は，11 章 2 節の低域通過フィルタ (low pass filter) としての RC 回路と同じである．

同様に，この RL 回路で，出力をインダクタンスの両端の電圧とすれば，高域通過フィルタ (high pass filter) が得られる．

このように，RC 回路と RL 回路のいずれを用いても，フィルタ回路を構成することができる．

実用の観点からは，RL 回路でフィルタ回路を構成することは通常行われない．

その理由を以下に考察する．本章では，フィルタ回路への入力は直流成分を含むひずみ波交流電圧であるとした．実用を考えると，直流電圧が主でそれにひずみ波交流電圧成分，ないしは高調波成分が重畳している場合も多い．この直流電圧が問題となるのである．直流電圧に対しコンデンサは解放状態であるから，直流電流は流れない．インダクタンスは短絡状態であるから直流電流が流れる．この電流は当然抵抗も流れるから，抵抗にて損失を発生する．これが，通常，RL回路でフィルタ回路を構成しない理由である．

まとめ

- フィルタ回路は，コンデンサのインピーダンス値の周波数依存性を利用する回路である．
- フィルタ回路はそれを通過する信号の大きさと位相を変化させる．
- その変化の生じかたが，周波数の高低により異なる．
- 低周波数成分をよく通し，高周波数成分を減衰させるフィルタが低域通過フィルタ（low pass filter）である．
- 高周波数成分をよく通し，低周波数成分を減衰させるフィルタが高域通過フィルタ（high pass filter）である．
- インダクタンスを用いてもフィルタ回路を構成できるが，損失の観点などから実用されることは少ない．

演習問題

問1 図 11·1 の RC 低域通過フィルタ (low pass filter) で，遮断周波数 16 kHz としたい．10 kΩ の抵抗を用いる場合，コンデンサの容量はいくらにすればよいか．

問2 以下の $|G(\omega)|$ のデシベルを求めよ．
(1) $|G(\omega)|=80$ (2) $|G(\omega)|=40$ (3) $|G(\omega)|=0.1$ (4) $|G(\omega)|=0.05$

問3 図 11·8 の RL 回路で，インダクタンスの両端の電圧を出力電圧 V_{out} とすれば，高域通過フィルタ (high pass filter) が得られることを示せ．

問4 図 11·9 は図 11·1 の RC 低域通過フィルタ (low pass filter) に負荷抵抗 R_L を接続した回路である．R_L の両端の電圧を V_{out} とする．

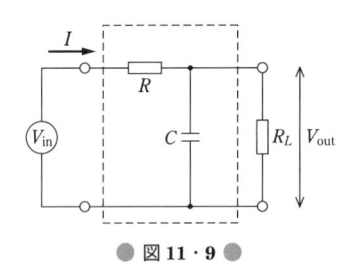

● 図 11·9 ●

(1) V_{in} を入力，V_{out} を出力とする周波数応答 $G(\omega)$ を求めよ．
(2) $|G(\omega)|$ が最大値を取るときの周波数 ω_0 と最大値 $|G(\omega)|_{MAX}$ を求めよ．

12 章
共 振 回 路

　11 章で取り上げたフィルタ回路は，その伝達関数の次数が一次の基本的なフィルタである．本章では，コンデンサ，抵抗素子にインダクタンスを加えた，二次のフィルタ回路を対象とする．「二次」であるため，自由度も二つになる．この新たに付加された自由度は，沪波の対象となる周波数の通過ないしは遮断し始める周波数に加えて，通過ないし遮断し終わる周波数も指定できる．よって，対象となる周波数帯域を選択的に決定できる．

1 共振現象とは

　11 章のフィルタは一次のフィルタである．周波数 ω_B を境界点として，通過と遮断の機能がある．しかし，ある周波数の成分，厳密にはその周波数を中心としてかなり狭い範囲の周波数の成分だけを選択的に通過ないしは遮断する機能はない．この機能を果たすには，周波数範囲を定めるために 2 つの周波数を指定しなければならない．通過させ始める周波数と遮断し始める周波数の 2 つである．

　これには周波数を指定できる**自由度**が 2 つ必要である．一次のフィルタでは自由度が 1 で不足である．少なくとも二次のフィルタが必須である．二次のフィルタは**共振現象**を利用するものである．

　共振現象の典型的な実用例はラジオの受信回路である．例えば NHK 第一放送を受信するには，名古屋であれば 729 kHz の周波数の成分だけを通過させ，ラジオの中に取り込めばよい．

　本章では抵抗，インダクタンスおよびコンデンサ（キャパシタ）各 1 個よりなる簡単な回路について，共振を学ぶ．

2 直列共振回路について学ぼう

　図 **12·1** の電源 V_S，抵抗 R，インダクタンス L およびコンデンサ C（キャパシタ）よりなる RLC 直列回路を考える．電源から見たインピーダンス Z_S は

$$Z_S = R + j\left(\omega L - \frac{1}{\omega C}\right) \qquad (12 \cdot 1)$$

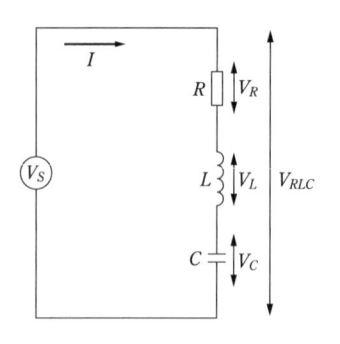

● 図 12・1　*RLC* 回路 ●

　Z_S の虚数部分，つまりリアクタンスが引き算になっていることに着目する．これは，リアクタンスが 0 になりうることを意味している．0 になる条件は，L と C が定数だから，周波数 f に依存する．このリアクタンスを 0 にする周波数 f_R を**共振周波数**と呼ぶ．式 (12・1) より

$$\omega L = \frac{1}{\omega C} \tag{12・2}$$

$$\omega_R = \frac{1}{\sqrt{LC}} \tag{12・3}$$

$$f_R = \frac{1}{2\pi\sqrt{LC}} \tag{12・4}$$

の時，リアクタンスが 0 になる．この時，以下のことが成り立つ．

この周波数成分に対しては
- Z_S は純抵抗で，インピーダンスの絶対値は最小．
- L と C は短絡されたのと等価．
- 電圧と電流の位相差は 0．
- この周波数の成分が最も通過しやすい．

$$Q = \frac{\omega_R L}{R} = \frac{2\pi f_R L}{R} \tag{12・5}$$

なる定数 Q を定義する．これは Q 値（quality factor）と呼ばれる．これを用いて式 (12・1) の Z_S を書き換える．

$$Z_S(f) = R\left[1 + jQ\left(\frac{\omega}{\omega_R} - \frac{\omega_R}{\omega}\right)\right] = R\left[1 + jQ\left(\frac{f}{f_R} - \frac{f_R}{f}\right)\right] \tag{12・6}$$

これにより，Z_S は，Q 値と f_R により特徴づけられる．式（12・6）右辺第 2 項に注目して

$$\frac{Z_S(f)}{R} = G(f) = 1 + jQ\left(\frac{f}{f_R} - \frac{f_R}{f}\right) \quad (12 \cdot 7)$$

とおく．f をパラメータとして，G の軌跡（図中の点線：矢印の先端を結んだ線）を描くと，**図 12・2** が得られる．f が小さいとき G は右下を指し，f が大きくなるに連れ，図中の点線上を上へ移動していく．この間，G の絶対値（図中の矢印の長さ）と偏角（実軸となす角）が大きく変化する．この様子を**図 12・3** に示す．この図では，Q 値をパラメータとしている．この図から，$f = f_R$（$f/f_R = 1$）の点を中心として，絶対値，偏角ともに大きく変化していることが分かる．絶対値はこの点で最小値を取る．この現象を**共振**（resonance），この点を**共振点**と呼ぶ．この回路は L，C が直列なので，**直列共振**と呼ぶ．共振は Q が大きいほ

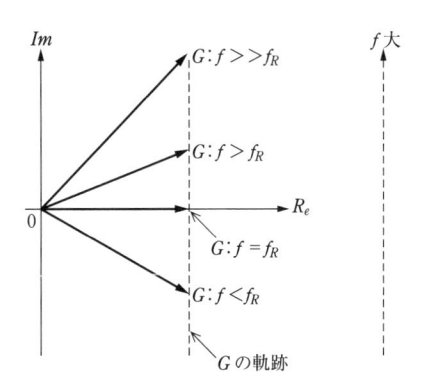

● 図 12・2 G の軌跡 ●

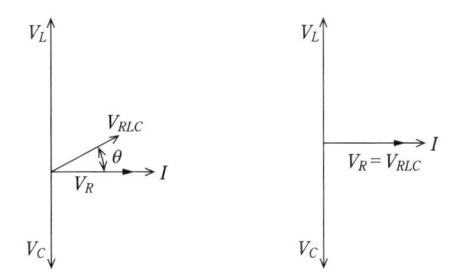

（a）非共振状態 $|V_L| > |V_C|$　　（b）共振状態 $|V_L| = |V_C|$

● 図 12・3 RLC 回路のフェーザ図 ●

ど先鋭に現れる．共振周波数で G の絶対値は最小値を取るから，この周波数の成分に対してインピーダンスも最小である．この成分は他の周波数の成分に対して通過しやすい．

[例題1]

図 12・1 の回路で，$R+L+C$ 直列部分の両端の電圧 V_{RLC}（$=-V_S$）と電流 I 間に位相差がないとする．

a) このときの Z_S を求めよ．
b) 電源の周波数を f とする．f を L と C で表せ．

[解答]

位相差がないということは，Z_S が複素数ではなく実数であることを意味する．式 (12・1) より

$$Z_S = R \tag{12・8}$$

である．

このとき共振しているから，求める関係は式 (12・4) と同じで，この式の f_R を f と書き換えた式が求める関係である．

インダクタンスやコンデンサ（キャパシタ）が回路にあると通常は電圧と電流に位相差が生じる．それでも位相差が生じないと言うことは，これらが機能していないか，または機能を互いに相殺しているのである．この状況を図 12・1 の回路で検討する．抵抗 R，インダクタンス L，およびコンデンサ C（キャパシタ）での電圧降下をそれぞれ V_R，V_L，V_C とする．共振していない場合の V_{RLC}，I および V_R，V_L，V_C のフェーザ図を図 12・3 (a) に示す．ここでは V_{RLC} と I の位相差を θ とする．

$$V_L = Z_L I = j\omega L I \tag{12・9}$$

$$V_C = Z_C I = \frac{I}{j\omega C} = -j\frac{I}{\omega C} \tag{12・10}$$

であるから，I に対して V_L は位相が 90°進み，V_C は位相が 90°遅れである．同図は

$$\omega L > \frac{1}{\omega C} \quad i.e. |V_L| > |V_C| \tag{12・11}$$

として描いている．

$$V_{RLC} = V_R + (V_L + V_C) \tag{12・12}$$

非共振状態では，式 (12・11) より

$$|V_L|>|V_C| \qquad (12\cdot13)$$

だから，両電圧は完全には互いに相殺しない．

共振状態では，式 (12·2) が成り立つから，式 (12·13) の不等号が等号になる．V_L と V_C はベクトルとして互いに完全に相殺するのである．このときのフェーザ図を図 12·3 (b) に示した．

③ 帯域通過フィルタ（band pass filter）としての直列共振回路について学ぼう

入力のうち，ある特定の周波数範囲の成分をよく通過させるフィルタが**帯域通過フィルタ**（band pass filter）である．この周波数範囲を**帯域**（band）と呼ぶ．上記の直列共振回路は帯域通過フィルタ（band pass filter）として機能する．

図 12·1 の RLC 直列回路を電源電圧 V_S を入力，抵抗の両端の電圧 V_R を出力とする 4 端子回路として扱う．V_S から V_R までの周波数応答 $G_R(j\omega)$ を以下に求める．電流 I は以下で与えられる．

$$I = \frac{V_S}{Z_S(\omega)} = \frac{\dfrac{V_S}{R}}{1+jQ\left(\dfrac{\omega}{\omega_R} - \dfrac{\omega_R}{\omega}\right)} \qquad (12\cdot14)$$

抵抗でのオームの法則より

$$V_R = RI = \frac{V_S}{1+jQ\left(\dfrac{\omega}{\omega_R} - \dfrac{\omega_R}{\omega}\right)} \qquad (12\cdot15)$$

これより

$$G_R(j\omega) = \frac{V_R}{V_S} = \frac{1}{1+jQ\left(\dfrac{\omega}{\omega_R} - \dfrac{\omega_R}{\omega}\right)} \qquad (12\cdot16)$$

が得られる．これは前節の G の逆関数である．G_R のゲイン‐周波数特性を**図 12·4** に示す．

まず，大きさが一定で周波数が可変の電圧源を考える．この電圧の周波数が ω_R より小さいときは，図 12·4 より，回路のインピーダンスは大きく，I の大きさ，ひいては V_R の大きさも小さい．周波数が ω_R に近づくに連れ，インピーダンスは急激に小さくなり，I と V_R の大きさは共に急増し，ω_R で最大値を取る．

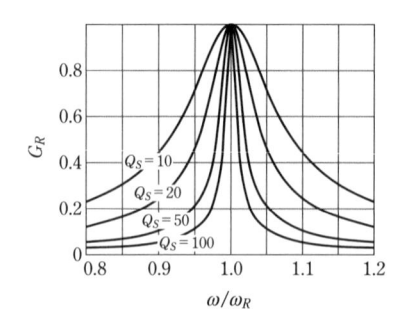

● 図 12・4　帯域通過フィルタ（band pass filter）のゲイン特性 ●

　周波数が f_R を越えて大きくなっていくと，I と V_R の大きさは共に急減する．図 12・3 は周波数による V_R の大きさの様子を示している．この図では Q 値が大きいほど，ω_R 近傍でのゲインの変化が急激であることがはっきり見て取れる．

　次に，多数の周波数を成分として含む電圧源を考える．この場合は，周波数が ω_R（共振点）近傍の成分だけがほぼそのままの大きさで，この RLC 共振回路を通過する．図 12・4 において，ω_R 近傍で $|V_R|/|V_S| \fallingdotseq 1$ であることに注意すること．これ以外の周波数成分は大きく減衰される．この点から，このフィルタを帯域通過フィルタ（band pass filter）と呼ぶのである．

　低域通過フィルタ（low pass filter）の場合と同様，遮断の目安として，大きさが $1/\sqrt{2}$（約 3 dB）減衰される周波数を考える．この周波数は ω_R の両側に一つずつあり，低い方を ω_L，高い方を ω_H とする．この二つの周波数の差 B

$$B = \omega_H - \omega_L \tag{12・17}$$

をバンド幅と呼ぶ．また，**半値幅**とも呼ばれる．図 12・5 にバンド幅を図示する．

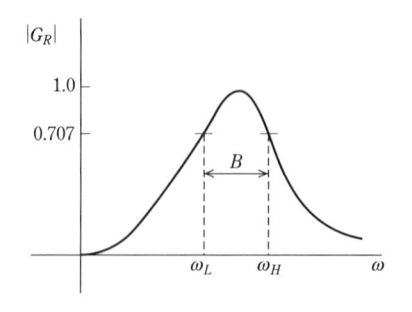

● 図 12・5　バンド幅 ●

計算過程は省略するが次の関係が成り立つ．

$$B = \frac{\omega_R}{Q} \tag{12・18}$$

Q 値の高い，つまり共振性の鋭い回路では，$Q \gg 1$ で

$$\omega_H \approx \omega_R + \frac{B}{2} \tag{12・19}$$

$$\omega_L \approx \omega_R - \frac{B}{2} \tag{12・20}$$

である．

4 並列共振回路とは

図 **12・6** の R，L，C よりなる並列回路を取り上げる．並列回路であるので，アドミタンス Y_S を考える．

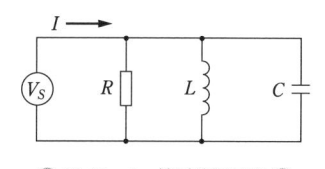

● 図 **12・6** 並列共振回路 ●

$$Y_S = \frac{1}{R} + j\left(\omega C - \frac{1}{\omega L}\right) \tag{12・21}$$

である．直列共振の時と同様に

$$\omega L = \frac{1}{\omega C} \tag{12・22}$$

$$\omega_R = \frac{1}{\sqrt{LC}} \tag{12・23}$$

$$f_R = \frac{1}{2\pi\sqrt{LC}} \tag{12・24}$$

の時，アドミタンスの虚数部であるサセプタンスが 0 になる．この時，以下のことが成り立つ．

この周波数成分に対しては
・Y_S は純抵抗で，アドミタンスの絶対値は最小．

- アドミタンスの逆数であるインピーダンスの絶対値は最大．
- L と C は開放されたのと等価．
- 電圧と電流の位相差は 0．
- この周波数の成分の信号が最も通過しにくい．

この現象を**並列共振**と呼ぶ．直列共振とよく似た現象であるが，インピーダンスの絶対値ないしは信号の通りやすさの点では全く逆の現象であることから，**反共振**とも呼ばれる．

並列共振回路についても Q 値など，直列共振回路と同様の量が同様の手順で導かれるが，本書では割愛する．

[例題 2]

図 12・7 の R, L, C 並列回路の共振各周波数 ω_R を求めよ．

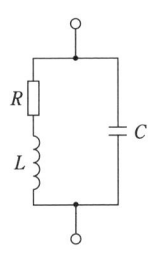

● 図 12・7　並列共振回路 ●

[解答]

並列回路であるので，アドミタンス Y_S を考える．

$$Y_S = \frac{1}{R+j\omega L} + j\omega C = \frac{R}{R^2+\omega^2 L^2} + j\omega\left(C - \frac{L}{R^2+\omega^2 L^2}\right) \quad (12\cdot 24)$$

である．共振時は，サセプタンスが 0 だから

$$C - \frac{L}{R^2+\omega^2 L^2} = 0 \quad (12\cdot 25)$$

$$\therefore \omega_R^2 = \frac{1}{LC} - \frac{R^2}{L^2} \quad (12\cdot 26)$$

あるいは

$$\therefore \omega_R = \frac{1}{\sqrt{LC}}\sqrt{1 - \frac{CR^2}{L}} \quad (12\cdot 27)$$

この共振周波数にて，式 (12·24) の Y が最小値を取る．インピーダンス Z は Y の逆数だから最大値を取る．

インダクタンスは，インダクタ（コイル）により具現される．実物のインダクタ（コイル）は僅かながらも抵抗成分をもつ導線を多数回巻いて作られるので，現実にはインダクタ（コイル）の抵抗値が無視できない場合もあり得る．したがって，図 12·7 の $L+R$ の枝は，現実のコイルをかなり忠実にモデル化しているものと考えて良い．これに対してコンデンサ（キャパシタ）はこの様なことがないので，実物でも抵抗成分は無視して良いことが多い．

[例題3]

図 12·7 の R，L，C 並列回路の共振各周波数 ω_R への抵抗 R の影響が無視できる条件を求めよ．

[解答]

式 (12·26) が式 (12·23) と近似できる条件を求めればよい．

$$\omega_R = \frac{1}{\sqrt{LC}}\sqrt{1-\frac{CR^2}{L}} = \frac{1}{\sqrt{LC}}\sqrt{1-\frac{R^2}{L/C}} \qquad (12·28)$$

$$\therefore R \ll \sqrt{\frac{L}{C}} \qquad (12·29)$$

まとめ

- 共振回路はインダクタンスとコンデンサ（キャパシタ）間の共振現象を利用する回路である．
- 共振回路にはインダクタンスとコンデンサ（キャパシタ）を直列接続する直列共振回路と並列接続する並列共振回路がある．
- 直列共振回路ではインダクタンスとコンデンサ（キャパシタ）で定まる周波数（共振周波数）およびその近辺の周波数での回路インピーダンスが最小である．
- 直列共振回路では共振周波数およびその近辺の周波数の正弦波信号が極めて通過しやすい．この周波数区間を帯域と呼ぶ．
- 直列共振回路では帯域以外の周波数の正弦波信号は極めて通過しにくい．
- 並列共振回路は，直列共振回路と全く逆の特性をもつ．
- 並列共振回路では帯域の周波数成分だけを通過させない，つまりその周波数成分の信号だけを除去する．

12章 共振回路

演習問題

問1 $R = 10\,\text{k}\Omega$, $L = 10\,\text{mH}$, $C = 1\,\text{pF}$ の直列回路に，$V = 100\cos\omega t$ の電圧を加え，ω を変化させる．最大電流が流れる時の周波数 f_R とその時の電流 I_R を求めよ．

問2 図 12・7 の回路が共振状態にあるときのコンデンサ C（キャパシタ）の値を求めよ．その周波数でのインピーダンス Z の値を求めよ．

問3 図 12・8 の並列共振回路の共振角周波数 ω_R を求めよ．

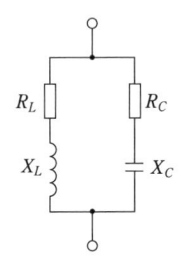

● 図 12・8 ●

問4 図 12・9 の回路にて，直列共振角周波数 ω_{SR} と並列共振角周波数 ω_{PR} を求めよ．

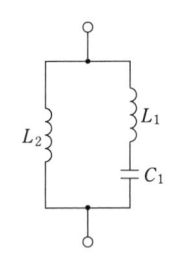

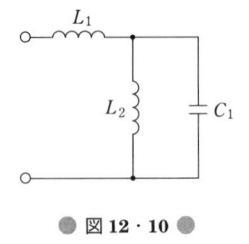

● 図 12・9 ●

問5 図 12・10 の回路にて，直列共振角周波数 ω_{SR} と並列共振角周波数 ω_{PR} を求めよ．

● 図 12・10 ●

参 考 図 書

■ 2章, 3章, 4章 ■
[1]　日比野倫夫 編著：インターユニバーシティ 電気回路 B, オーム社（1997）

■ 5章, 6章, 7章, 8章 ■
[1]　川村雅恭：ラプラス変換と電気回路, 昭晃堂（1978）
[2]　日比野倫夫 編著：インターユニバーシティ 電気回路 B, オーム社（1997）
[3]　電気学会大学講座：過渡回路解析, 電気学会（オーム社）（1989）
[4]　大下眞二郎：詳解 電気回路演習（下）, 共立出版株式会社（1980）

■ 9章, 10章 ■
[1]　佐藤義久：これ 1 冊でわかる電気回路の基礎, 丸善（2008）
[2]　金原粲 監修：専門基礎ライブラリー電気回路, 実教出版（2008）
[3]　正田英介 監修, 吉岡芳夫 編著：アルテ 21 電気回路, オーム社（1997）
[4]　日比野倫夫 編著：インターユニバーシティ 電気回路 B, オーム社（1997）
[5]　吉岡宗之：電気回路入門, 昭晃堂（2002）
[6]　見城尚志：電気回路入門講座, 電波新聞社（2006）

■ 11章 ■
[1]　佐治學 編：インターユニバーシティ 電気回路 A, オーム社（1997）
[2]　日比野倫夫 編著：インターユニバーシティ 電気回路 B, オーム社（1997）
[3]　森脇義雄, 斎藤正男：電気回路, 朝倉出版（1963）
[4]　砂川重信：電磁気学, 岩波全書（1977）

■ 12章 ■
[1]　佐治學 編：インターユニバーシティ 電気回路 A, オーム社（1997）
[2]　日比野倫夫 編著：インターユニバーシティ 電気回路 B, オーム社（1997）
[3]　斎藤正男：回路網理論演習, 学献社（1970）
[4]　丹野頼元, 松本光功, 山沢清人, 坂口博巳：電気・電子・情報回路の基礎, 森北出版（1998）

演習問題解答

■ 1章 ■

問 1 (1) $i_1 = \dfrac{1}{L}\int_0^{t_1} v\,dt$

(2) $v_1 = \dfrac{1}{C}\int_0^{t_1} i\,dt + v_0$

問 2 (1) $i_R = I$, $i_L = 0$, $v = RI$
(2) $i_R = 0$, $i_L = I$, $v = 0$

問 3 (1) $i_{R1} = 0$, $i_C = E/R_2$, $i_{R2} = E/R_2$, $i_L = 0$, $v_1 = 0$, $v_2 = E$
(2) $i_{R1} = E/R_1$, $i_C = 0$, $i_{R2} = 0$, $i_L = E/R_1$, $v_1 = E$, $v_2 = 0$

問 4 (1) $i_{R1} = 0$, $i_C = I$, $i_{R2} = I$, $i_L = 0$, $v_1 = 0$, $v_2 = R_2 I$
(2) $i_{R1} = I$, $i_C = 0$, $i_{R2} = 0$, $i_L = I$, $v_1 = R_1 I$, $v_2 = 0$

■ 2章 ■

問 1 $i_s = \dfrac{E_m}{\sqrt{R^2 + (\omega L)^2}} \sin(\omega t + \theta - \phi) \left(\phi = \tan^{-1}\dfrac{\omega L}{R}\right)$ としたとき

$$\text{左辺} = \dfrac{\omega L E_m}{\sqrt{R^2 + (\omega L)^2}} \cos(\omega t + \theta - \phi) + \dfrac{RE_m}{\sqrt{R^2 + (\omega L)^2}} \sin(\omega t + \theta - \phi)$$

$$= E_m \sin\phi \cos(\omega t + \theta - \phi) + E_m \cos\phi \sin(\omega t + \theta - \phi)$$

$$= E_m \sin(\phi + \omega t + \theta - \phi) = E_m \sin(\omega t + \theta) = \text{右辺}$$

$$\therefore \tan\phi = \dfrac{\sin\phi}{\cos\phi} = \dfrac{\omega L}{R} \text{ なので}$$

$$\sin\phi = \dfrac{\omega L}{\sqrt{R^2 + (\omega L)^2}}, \quad \cos\phi = \dfrac{R}{\sqrt{R^2 + (\omega L)^2}}$$

問 2 (1) $i = \dfrac{E}{R}\left(1 - e^{-\frac{R}{L}t}\right) = 2\left(1 - e^{-500t}\right)$

$v_R = Ri = 10\left(1 - e^{-500t}\right)$
$v_L = 10 - v_R = 10 e^{-500t}$

(2) $\tau = \dfrac{L}{R} = 2\,\text{ms}$

$i(\tau) = 1.3\,\text{A}$

(3) $10\left(1 - e^{-500t}\right) = 10 e^{-500t}$ より

$$t = \frac{1}{500}\log_e 2 = 1.4\,\text{ms}$$

問 3
$$\begin{cases} i_R + i_L = I & \cdots\cdots(1) \\ Ri_R = L\dfrac{di_L}{dt}(=v) & \cdots\cdots(2) \end{cases}$$

(1),(2) から i_R を消却すると

$$L\frac{di_L}{dt} + Ri_L = RI$$

$t=0$ で $i_L=0$ となる初期条件から

$$i_L = I\left(1 - e^{-\frac{R}{L}t}\right)$$

(1) から

$$i_R = Ie^{-\frac{R}{L}t}$$

(2) から

$$v = RIe^{-\frac{R}{L}t}$$

問 4 $Ri + \dfrac{1}{C}\int i\,dt = E_m\sin\omega t$

両辺を t で微分すると, $R\dfrac{di}{dt} + \dfrac{1}{C}i = \omega E_m\cos\omega t$

$i = i_t + i_s$ とおくとき $i_s = \dfrac{E_m}{\sqrt{R^2 + \left(\dfrac{1}{\omega C}\right)^2}}\sin(\omega t + \phi)$

ただし $\phi = \tan^{-1}\dfrac{1}{\omega CR}$

i_t に対する微分方程式は, $\dfrac{di_t}{dt} + \dfrac{1}{CR}i_t = 0$

$i_t = Ae^{-\frac{t}{CR}}$ したがって $i = Ae^{-\frac{t}{CR}} + \dfrac{E_m}{\sqrt{R^2 + \left(\dfrac{1}{\omega C}\right)^2}}\sin(\omega t + \phi)$

初期条件 $t=0$ のとき $i=0$ から $A = -\dfrac{E_m}{\sqrt{R^2 + \left(\dfrac{1}{\omega C}\right)^2}\sqrt{1 + (\omega CR)^2}}$

したがって求める解は

$$i = \frac{E_m}{\sqrt{R^2 + \left(\dfrac{1}{\omega C}\right)^2}} \left\{ \sin(\omega t + \phi) - \frac{e^{-\frac{t}{CR}}}{\sqrt{1+(\omega CR)^2}} \right\}$$

■ 3章 ■

問1 $i = Ate^{\alpha t}$ とおくとき，$\left(\alpha = -\dfrac{R}{2L}\right)$

$$\frac{di}{dt} = (1+\alpha t)Ae^{\alpha t}, \quad \frac{d^2 i}{dt^2} = (2\alpha + \alpha^2 t)Ae^{\alpha t}$$

したがって 左辺 $= L(2\alpha + \alpha^2 t)Ae^{\alpha t} + R(1+\alpha t)Ae^{\alpha t} + \dfrac{1}{C}Ate^{\alpha t}$

$$= \underbrace{(2L\alpha + R)Ae^{\alpha t}}_{0} + \underbrace{\left(L\alpha^2 + R\alpha + \dfrac{1}{C}\right)Ate^{\alpha t}}_{0}$$

$= 0 =$ 右辺

問2 回路方程式は，$\dfrac{d^2 i}{dt^2} + 3\dfrac{di}{dt} + 2i = 0$

特性方程式の根は -1，-2 であるので，一般解は

$i = A_1 e^{-t} + A_2 e^{-2t}$

初期条件 $t = 0$ で $i = 0$，$\dfrac{di}{dt} = 10$ より

$A_1 = 10$，$A_2 = -10$

したがって $i = 10(e^{-t} - e^{-2t})$

i の時間変化は図のようになる．

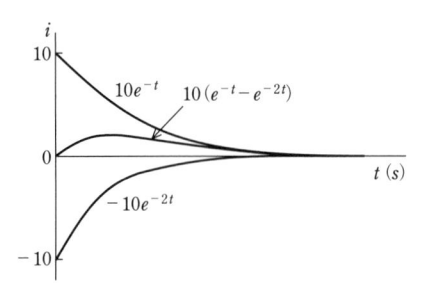

問3
$$\begin{cases} i_L + i_C = I & \cdots\cdots(1) \\ Ri_L + L\dfrac{di_L}{dt} = \dfrac{1}{C}\int i_C dt \,(=v_C) & \cdots\cdots(2) \end{cases}$$

(1)を(2)に代入して整理.

$$L\frac{di_C}{dt} + Ri_C + \frac{1}{C}\int i_C dt = RI$$

両辺を t で微分すると

$$L\frac{d^2 i_C}{dt^2} + R\frac{di_C}{dt} + \frac{1}{C}i_C = 0$$

一般解は次式で与えられる.

$$i_C = e^{-\alpha t}\left(A_1 e^{\sqrt{\alpha^2 - \omega_0^2}\,t} + A_2 e^{-\sqrt{\alpha^2 - \omega_0^2}\,t}\right) \quad \text{ただし, } \alpha = \frac{R}{2L}, \quad \omega_0 = \frac{1}{\sqrt{LC}}$$

初期条件 $t=0$ で, $i_C = I$, $\dfrac{di_C}{dt}\left(=-\dfrac{di_L}{dt}\right) = 0$ から A_1, A_2 を求め整理すると次式を得る.

$$i_C = Ie^{-\alpha t}\left\{\cosh\left(\sqrt{\alpha^2 - \omega_0^2}\,t\right) + \frac{\alpha}{\sqrt{\alpha^2 - \omega_0^2}}\sinh\left(\sqrt{\alpha^2 - \omega_0^2}\,t\right)\right\}$$

また, $v_C = R(I - i_C) - L\dfrac{di_C}{dt}$ であるので

$$v_C = RI\left\{1 - e^{-\alpha t}\cosh\left(\sqrt{\alpha^2 - \omega_0^2}\,t\right) - \frac{2\alpha^2 - \omega_0^2}{2\alpha\sqrt{\alpha^2 - \omega_0^2}}e^{-\alpha t}\sinh\left(\sqrt{\alpha^2 - \omega_0^2}\,t\right)\right\}$$

問4 $L\dfrac{d^2 q}{dt^2} + R\dfrac{dq}{dt} + \dfrac{1}{C}q = E_m \cos\omega t$

(1) $q = \int i\,dt$ を代入して両辺を t で微分すれば

$$L\frac{d^2 i}{dt^2} + R\frac{di}{dt} + \frac{1}{C}i = -\omega E_m \sin\omega t$$

(2) $i_s = \dfrac{E_m}{\sqrt{R^2 + \left(\omega L - \dfrac{1}{\omega C}\right)^2}}\cos(\omega t - \phi)$ ただし $\phi = \tan^{-1}\dfrac{\omega L - \dfrac{1}{\omega C}}{R}$

$$q_s = \int i_s\,dt = \frac{E_m}{\omega\sqrt{R^2 + \left(\omega L - \dfrac{1}{\omega C}\right)^2}}\sin(\omega t - \phi)$$

(3) i_t, q_t それぞれに対する特性方程式は一致し

$$Lm^2 + Rm + \frac{1}{C} = 0$$

重根を持つので $R^2 - \dfrac{4L}{C} = 0$, その重根は $m = -\dfrac{R}{2L}$

したがって，i, q の一般解は

$$i = A_1 e^{-\frac{R}{2L}t} + A_2 t e^{-\frac{R}{2L}t} + \dfrac{E_m}{\omega L + \dfrac{1}{\omega C}} \cos(\omega t - \phi)$$

$$q = B_1 e^{-\frac{R}{2L}t} + B_2 t e^{-\frac{R}{2L}t} + \dfrac{E_m}{\omega\left(\omega L + \dfrac{1}{\omega C}\right)} \sin(\omega t - \phi)$$

初期条件 $t = 0$, $i = 0$, $L\dfrac{di}{dt} = E_m$, $q = 0$, $\dfrac{dq}{dt} = 0$ より

A_1, A_2, B_1, B_2 を求め整理すると次式を得る．

$$i = -\dfrac{RE_m}{\left(\omega L + \dfrac{1}{\omega C}\right)^2} e^{-\frac{R}{2L}t} + \dfrac{\left(1 + \dfrac{\omega_0^2}{\omega^2}\right)RE_m}{\left(\omega L + \dfrac{1}{\omega C}\right)^2} \cdot \dfrac{t}{CR} e^{-\frac{R}{2L}t} + \dfrac{E_m}{\omega L + \dfrac{1}{\omega C}} \cos(\omega t - \phi)$$

$$q = \dfrac{\left(\omega L - \dfrac{1}{\omega C}\right)E_m}{\omega\left(\omega L + \dfrac{1}{\omega C}\right)^2} e^{-\frac{R}{2L}t} - \dfrac{\left(1 + \dfrac{\omega_0^2}{\omega^2}\right)RE_m}{2\left(\omega L + \dfrac{1}{\omega C}\right)^2} t e^{-\frac{R}{2L}t} + \dfrac{E_m}{\omega\left(\omega L + \dfrac{1}{\omega C}\right)} \sin(\omega t - \phi)$$

ただし $\omega_0 = \dfrac{1}{\sqrt{LC}}$

(4) $\dfrac{dq}{dt} = -\dfrac{\dfrac{R}{2L}\left(\omega L - \dfrac{1}{\omega C}\right)E_m}{\omega\left(\omega L + \dfrac{1}{\omega C}\right)^2} e^{-\frac{R}{2L}t} - \dfrac{\left(1 + \dfrac{\omega_0^2}{\omega^2}\right)RE_m}{2\left(\omega L + \dfrac{1}{\omega C}\right)^2} e^{-\frac{R}{2L}t}$

$\quad + \dfrac{\dfrac{R}{2L}\left(1 + \dfrac{\omega_0^2}{\omega^2}\right)RE_m}{2\left(\omega L + \dfrac{1}{\omega C}\right)^2} t e^{-\frac{R}{2L}t} + \dfrac{E_m}{\omega L + \dfrac{1}{\omega C}} \cos(\omega t - \phi)$

$\quad = -\dfrac{RE_m}{\left(\omega L + \dfrac{1}{\omega C}\right)^2} e^{-\frac{R}{2L}t} + \dfrac{\left(1 + \dfrac{\omega_0^2}{\omega^2}\right)RE_m}{\left(\omega L + \dfrac{1}{\omega C}\right)^2} \dfrac{t}{CR} e^{-\frac{R}{2L}t}$

$\quad + \dfrac{E_m}{\omega L + \dfrac{1}{\omega C}} \cos(\omega t - \phi)$

$\quad = i$

4章

問1 コンデンサ（キャパシタ）の端子電圧 v_C は，$v_C = E_0 e^{-\frac{t}{CR}}$ となる．

$t = t_1$ で $v_C = E_1$ より，$E_1 = E_0 e^{-\frac{t_1}{CR}}$

両辺の対数をとれば，$\log_e\left(\dfrac{E_0}{E_1}\right) = \dfrac{t_1}{CR}$，$\therefore C = \dfrac{t_1}{R \log_e\left(\dfrac{E_0}{E_1}\right)}$

問2 回路に流れる電流を i とおく．

$$L\frac{di}{dt} + \frac{1}{C_1}\int i\,dt + \frac{1}{C_2}\int i\,dt = 0$$

両辺を t で微分

$$L\frac{d^2 i}{dt^2} + \left(\frac{1}{C_1} + \frac{1}{C_2}\right) i = 0$$

一般解は $i = A_1 e^{j\omega_0 t} + A_2 e^{-j\omega_0 t}$．ただし $\omega_0 = \sqrt{\dfrac{C_1 + C_2}{LC_1 C_2}}$

初期条件 $t = 0$ で $i = 0$，$L\dfrac{di}{dt} = E_0$ から A_1，A_2 を求め整理すると

$$i = \frac{E_0}{\omega_0 L}\sin \omega_0 t$$

コンデンサ C_2（キャパシタ）の端子電圧 v は次式となる．

$$v = \frac{1}{C_2}\int_0^t i\,dt = \frac{E_0}{\omega_0 L C_2}\int_0^t \sin \omega_0 t\,dt$$

$$= E_0 \frac{C_1}{C_1 + C_2}(1 - \cos \omega_0 t)$$

v の絶対値の最大は $\cos \omega_0 t = -1$ のときで，その値は $2E_0 \dfrac{C_1}{C_1 + C_2}$ となる．

しがたって $C_2 \ll C_1$ のとき，この絶対値は最も大きくなり，$2E_0$ に近づく．

問3 回路に流れる電流の一般解は前問（問2）と同じ．初期条件は，$t = 0$，$i = 0$，$L\dfrac{di}{dt} = 2E_0$．A_1，A_2 を求め整理すると

$$i = \frac{2E_0}{\omega_0 L}\sin \omega_0 t \quad \text{ただし，} \omega_0 = \sqrt{\frac{C_1 + C_2}{LC_1 C_2}}$$

コンデンサ C_2（キャパシタ）の端子電圧 v は次式となる．

$$v = \frac{1}{C_2}\int_0^t i\,dt - E_0 = 2E_0 \frac{C_1}{C_1 + C_2}(1 - \cos \omega_0 t) - E_0$$

v の絶対値の最大は $\cos\omega_0 t = -1$ のときでその値は $4E_0\dfrac{C_1}{C_1+C_2} - E_0$ となる.

したがって $C_2 \ll C_1$ のとき，この絶対値は最も大きくなり，$3E_0$ に近づく.

問4 等価回路は次図で与えられる.

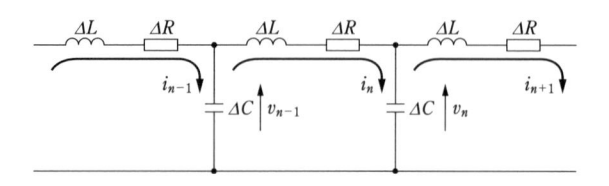

$$\begin{cases} v_{n-1} - v_n = \Delta L \dfrac{di_n}{dt} + \Delta R i_n \\ i_n - i_{n+1} = \Delta C \dfrac{dv_n}{dt} \end{cases}$$

両辺を Δx で割る.

$$\begin{cases} \dfrac{v_{n-1} - v_n}{\Delta x} = L \dfrac{di_n}{dt} + R i_n \\ \dfrac{i_n - i_{n+1}}{\Delta x} = C \dfrac{dv_n}{dt} \end{cases}$$

$\Delta x \to 0$ の極限を考えると

$$\begin{cases} -\dfrac{\partial v}{\partial x} = L \dfrac{\partial i}{\partial t} + R i & \cdots\cdots(1) \quad 式(4\cdot 23) 相当 \\ -\dfrac{\partial i}{\partial x} = C \dfrac{\partial v}{\partial t} & \cdots\cdots(2) \quad 式(4\cdot 24) 相当 \end{cases}$$

(1) の両辺を x で微分し，(2) を代入すれば次式を得る.

$$\dfrac{\partial^2 v}{\partial x^2} = LC \dfrac{\partial^2 v}{\partial t^2} + CR \dfrac{\partial v}{\partial t} \quad \cdots\cdots(3) \quad 式(4\cdot 25) 相当$$

(2) の両辺を x で微分し，(1) を代入すれば次式を得る.

$$\dfrac{\partial^2 i}{\partial x^2} = LC \dfrac{\partial^2 i}{\partial t^2} + CR \dfrac{\partial i}{\partial t} \quad \cdots\cdots(4) \quad 式(4\cdot 26) 相当$$

5章

問1 部分積分法を用いて求めよう.

$$\int_a^b X(t) Y'(t) dt = [X(t) Y(t)]_a^b - \int_a^b X'(t) Y(t) dt$$

$$X(t) = t$$
$$Y(t) = \int e^{-st} dt = -\frac{e^{-st}}{s} \qquad \left(Y'(t) = e^{-st}\right)$$

としよう．ここで，積分範囲は，$a = 0$，$b = \infty$ とする．ランプ関数のラプラス変換は

$$\begin{aligned}F(s) &= \mathscr{L}[At] = A \int_0^\infty t e^{-st} dt \\ &= A \left\{ \left[t \cdot \left(-\frac{e^{-st}}{s} \right) \right]_0^\infty - \int_0^\infty 1 \cdot \left(-\frac{e^{-st}}{s} \right) dt \right\} \\ &= \frac{A}{s} \int_0^\infty e^{-st} dt \\ &= \frac{A}{s} \left[-\frac{e^{-st}}{s} \right]_0^\infty \\ &= \frac{A}{s^2}\end{aligned}$$

となる．

問 2 ラプラス変換の定義式から

$$F(s) = \mathscr{L}\left[e^{at}\right] = \int_0^\infty e^{at} \cdot e^{-st} dt = \int_0^\infty e^{-(s-a)t} dt = \left[\frac{e^{-(s-a)t}}{-(s-a)} \right]_0^\infty = \frac{1}{s-a}$$

となる．

問 3 分母 $s^2(s+1)$ の根は，単根 -1 と二重根 0 である．そこで

$$\frac{1}{s^2(s+1)} = \frac{k_1}{(s+1)} + \frac{k_2}{s^2} + \frac{k_3}{s}$$

と部分分数に分解してみよう．

両辺に $(s+1)$ を掛けて

$$\frac{1}{s^2} = k_1 + \frac{(s+1)}{s^2} k_2 + \frac{(s+1)}{s} k_3$$

$s = -1$ を代入すれば

$$k_1 = 1$$

となる．両辺に s^2 を掛けて，$s = 0$ を代入すれば

$$k_2 = 1$$

となる．両辺に s^2 を掛け，さらに微分すると

$$\frac{-1}{(s+1)^2} = k_3 + \frac{d}{ds} \left\{ \frac{s^2}{s+1} k_1 \right\}$$

$s = 0$ を代入すれば

$$k_3 = -1$$

となる．したがって

$$\frac{1}{s^2(s+1)} = \frac{1}{s+1} + \frac{1}{s^2} - \frac{1}{s}$$

と部分分数に分解できる．分解後の式をラプラス逆変換すると

$$f(t) = \mathscr{L}^{-1}[F(s)] = e^{-t} + t - 1$$

となる．

■ 6章 ■

問1 キルヒホッフの電圧則より

$$L\frac{di(t)}{dt} + Ri(t) + \frac{1}{C}\int i(t)\,dt = V \cdot u(t)$$

ラプラス変換を行うと

$$sLI(s) - Li(0) + RI(s) + \frac{1}{sC}I(s) + \frac{q(0)}{sC} = \frac{V}{s}$$

各素子の値および $i(0) = 0\,\mathrm{A}$，$q(0) = 0\,\mathrm{C}$ を代入し，整理すると

$$I(s) = \frac{5}{s^2 + s + \frac{1}{4}} = \frac{5}{\left(s + \frac{1}{2}\right)^2}$$

ラプラス逆変換すると

$$i(t) = 5te^{-\frac{1}{2}t}$$

となる（臨界制動）．

問2 抵抗 R_1 に流れる電流を $i_1(t)$，抵抗 R_2 とインダクタンス L に流れる電流を $i_2(t)$ とすれば，回路方程式は

$$R_1 i_1(t) = V \cdot u(t)$$

$$L\frac{di_2(t)}{dt} + R_2 i_2(t) = V \cdot u(t)$$

ラプラス変換を行うと

$$R_1 I_1(s) = \frac{V}{s}$$

したがって

$$I_1(s) = \frac{V}{sR_1}$$

$$sLI_2(s) + R_2 I_2(s) = \frac{V}{s}$$

したがって（部分分数分解を行う）

$$I_2(s) = \frac{\frac{V}{s}}{R_2 + sL} = \frac{V}{R_2}\left(\frac{1}{s} - \frac{1}{s + \frac{R_2}{L}}\right)$$

$I_1(s)$ および $I_2(s)$ をラプラス逆変換すると

$$i_1(t) = \frac{V}{R_1}$$

$$i_2(t) = \frac{V}{R_2}\left(1 - e^{-\frac{R_2}{L}t}\right)$$

となる．全電流 $i(t)$ は

$$i(t) = i_1(t) + i_2(t) = \frac{V}{R_1} + \frac{V}{R_2}\left(1 - e^{-\frac{R_2}{L}t}\right)$$

となる．十分に時間が経った状態（定常状態）では，全電流は $\dfrac{V}{R_1} + \dfrac{V}{R_2} = \dfrac{R_1 + R_2}{R_1 R_2}V$

となる．

7章

問1 s 領域等価回路は下図となる（$V(s) = V/s$）．この等価回路より，回路方程式

$$sLI(s) - Li(0) + \frac{1}{sC}I(s) + \frac{q(0)}{sC} = \frac{V}{s}$$

が得られる．$i(0) = 0$ A，$q(0) = 0$ C を代入し，整理すると

$$I(s) = \frac{V}{L}\cdot\frac{1}{\left(s^2 + \frac{1}{LC}\right)} = \frac{V}{\sqrt{\frac{L}{C}}}\cdot\frac{\frac{1}{\sqrt{LC}}}{s^2 + \left(\frac{1}{\sqrt{LC}}\right)^2}$$

ラプラス逆変換すると

$$i(t) = \frac{V}{\sqrt{\frac{L}{C}}}\sin\frac{1}{\sqrt{LC}}t$$

となる．

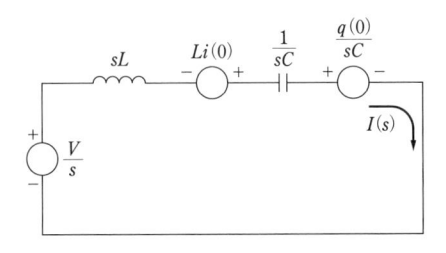

問2 s 領域の等価回路は下図となる．ただし，$q(0) = 0$ C なので等価電圧源は省略してある．この等価回路より，回路方程式

$$I_1(s) = \frac{V}{sR_1}$$

$$I_2(s) = \frac{V}{s} \cdot \frac{1}{R_2 + \frac{1}{sC}} = \frac{V}{R_2} \cdot \frac{1}{s + \frac{1}{R_2C}}$$

が得られる．$I_1(s)$ および $I_2(s)$ をラプラス逆変換すると

$$i_1(t) = \frac{V}{R_1}$$

$$i_2(t) = \frac{V}{R_2} \cdot e^{-\frac{1}{R_2C}t}$$

となる．全電流 $i(t)$ は

$$i(t) = i_1(t) + i_2(t) = \frac{V}{R_1} + \frac{V}{R_2} \cdot e^{-\frac{1}{R_2C}t}$$

となる．十分に時間が経った状態（定常状態）での全電流は $\frac{V}{R_1}$ となる．

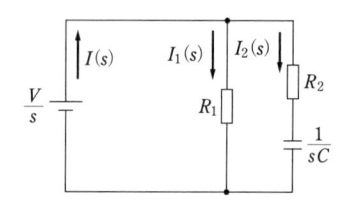

8章

問1 端子 1 - 1' から見た s 領域のインピーダンス $Z(s)$ は

$$Z(s) = R_1 + R_2 + \frac{1}{sC}$$

である．したがって，$I(s)$ は

$$I(s) = \frac{V_{\text{in}}(s)}{R_1 + R_2 + \frac{1}{sC}}$$

となる．$V_{\text{out}}(s)$ は

$$V_{\text{out}}(s) = I(s)\left(R_2 + \frac{1}{sC}\right)$$

となるから

$$V_{\text{out}}(s) = \frac{V_{\text{in}}(s)}{R_1 + R_2 + \dfrac{1}{sC}}\left(R_2 + \frac{1}{sC}\right)$$

したがって，電圧伝達関数 $G_v(s)$ は

$$G_v(s) = V_{\text{out}}(s) = \frac{\left(R_2 + \dfrac{1}{sC}\right)}{R_1 + R_2 + \dfrac{1}{sC}} = \frac{sR_2 C + 1}{s(R_1 + R_2)C + 1}$$

となる．

問 2 図 8・7 ののこぎり波の第 1 番目の波 $f_1(t)$ は

$$f_1(t) = \frac{1}{T} t \quad (0 \le t \le T)$$

$$f_1(t) = 0 \quad (T < t)$$

と表すことができる．第 1 番目の波 $f_1(t)$ のラプラス変換を $F_1(s)$ とすると

$$F_1(s) = \int_0^\infty f_1(t) e^{-st} dt = \frac{1}{T}\int_0^T t e^{-st} dt$$

となる．部分積分法を用いて，$F_1(s)$ を求めると

$$\begin{aligned}
F_1(s) &= \frac{1}{T}\int_0^T t e^{-st} dt = \frac{1}{T}\left\{\left[t\cdot\left(-\frac{e^{-st}}{s}\right)\right]_0^T - \int_0^T 1\cdot\left(-\frac{e^{-st}}{s}\right)dt\right\} \\
&= \frac{1}{T}\left\{T\cdot\left(-\frac{e^{-sT}}{s}\right) + \frac{1}{s}\left[-\frac{1}{s}e^{-st}\right]_0^T\right\} \\
&= -\frac{e^{-sT}}{s} + \frac{1}{sT}\left(-\frac{1}{s}e^{-sT} + \frac{1}{s}\right) \\
&= -\frac{e^{-sT}}{s} + \frac{1}{s^2 T}\left(1 - e^{-sT}\right)
\end{aligned}$$

となる．したがって，図 8・7 に示す，周期関数（のこぎり波）$f(t)$ のラプラス変換 $F(s)$ は

$$\begin{aligned}
F(s) &= \frac{F_1(s)}{1 - e^{-sT}} = \frac{1}{1 - e^{-sT}}\left\{\frac{1}{s^2 T}\left(1 - e^{-sT}\right) - \frac{e^{-sT}}{s}\right\} \\
&= \frac{1}{s^2 T} - \frac{e^{-sT}}{s(1 - e^{-sT})}
\end{aligned}$$

となる．

9章

問1 式 (9·21) より，Y_{11} は出力端子を短絡した場合の $2\,\Omega$, $6\,\Omega$ の抵抗のアドミタンスの和となるので

$$Y_{11} = \frac{1}{2} + \frac{1}{6} = \frac{4}{6}\,\text{S} = \frac{2}{3}\,\text{S}$$

Y_{12} は式 (9·22) より，入力端子を短絡したときのアドミタンスであるが，電圧 V_2 のため入力電流 I_1 は $2\,\Omega$ の抵抗を左向きに流れることになるので，行列要素としては負の値となる．

$$Y_{12} = -\frac{1}{2}\,\text{S} = -0.5\,\text{S}$$

$Y_{12} = Y_{21}$ より $Y_{21} = -0.5\,\text{S}$

Y_{22} は式 (9·24) より，入力端子を短絡したときの出力アドミタンスであるから

$$Y_{22} = \frac{1}{2} + \frac{1}{4} = \frac{3}{4}\,\text{S} = 0.75\,\text{S}$$

したがって，アドミタンス行列 Y は次のとおりとなる．

$$\begin{pmatrix} Y \end{pmatrix} = \begin{pmatrix} 2/3 & -0.5 \\ -0.5 & 0.75 \end{pmatrix}$$

各行列要素（パラメータ）の単位は〔S〕（ジーメンス，Ω^{-1}）である．

10章

問1 まず，回路方程式を立てる．

$$V_1 = (R + j\omega L)I_1 + \frac{1}{j\omega C}(I_1 - I_2)$$

$$V_2 = \frac{1}{j\omega C}(I_1 - I_2)$$

端子 2-2′ が開放（$I_2 = 0$）のとき

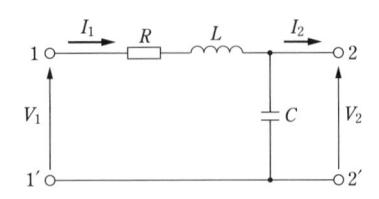

$$V_1 = \left(R + j\omega L + \frac{1}{j\omega C}\right)I_1$$

$$V_2 = \frac{1}{j\omega C}I_1$$

$$\therefore a_{11} = \left.\frac{V_1}{V_2}\right|_{I_2=0} = 1 - \omega^2 LC + j\omega CR$$

端子 2-2′ が短絡 ($V_2 = 0$) のとき

$$V_1 = (R + j\omega L)I_1, \quad V_2 = 0, \quad I_1 = I_2$$

$$\therefore a_{12} = \left.\frac{V_1}{I_2}\right|_{V_2=0} = R + j\omega L$$

$$a_{21} = \left.\frac{I_1}{V_2}\right|_{I_2=0} = j\omega C$$

$$a_{22} = \left.\frac{I_1}{I_2}\right|_{V_2=0} = 1$$

よって,

$$(F) = \begin{pmatrix} 1 - \omega^2 LC + j\omega CR & R + j\omega L \\ j\omega C & 1 \end{pmatrix}$$

■ 11 章 ■

問 1 $C = \dfrac{1}{\omega_B R} = \dfrac{1}{2\pi \times 16 \times 10^3 \times 10 \times 10^3} = 0.99 \text{ nF}$

問 2 (1) 38.1 dB (2) 32.0 dB (3) -20.0 dB (4) -26.0 dB

問 3 3 節の RL 低域通過フィルタ (low pass filter) と同様に,入力を V_{in},出力を電流 I とする伝達関数を $G'(s)$ は

$$I(s) = G'(s)V_{\text{in}}(s) \qquad G'(s) = \frac{1}{Ls + R}$$

V_{out} はインダクタンスでの電圧降下だから,入力を V_{in} 出力を V_{out} とする伝達関数 $G(s)$ は

$$V_{\text{out}}(s) = LsI(s) \qquad G(s) = \frac{Ls}{Ls + R}$$

伝達関数のラプラス演算 s に $j\omega$ を代入すれば,周波数応答 $G(\omega)$ が得られる.

$$G(\omega) = \frac{j\omega \dfrac{L}{R}}{1 + j\omega \dfrac{L}{R}} \tag{11·24}$$

この結果は，高域通過フィルタ（high pass filter）としての RC 回路で求めた周波数応答の式（11・17）にて，RC を L/R に置換した式となっている．したがって，この RL 回路は高域通過フィルタ（high pass filter）である．

問4 (1) C と R_L が並列接続されているからその合成インピーダンス Z_{CR} は

$$Z_{CR} = \frac{R_L/j\omega C}{R + 1/j\omega C} \quad V_{in} = \frac{R_L}{1+j\omega R_L C}$$

R と Z_{CR} が直列接続であるから，V_{in} は両者間で比例配分されるので

$$V_{out} = \frac{R_{CR}}{R+Z_{CR}} V_{in} = \frac{R_L}{R+R_L+j\omega RR_L C} V_{in} \quad \therefore G(\omega) = \frac{R_L}{R+R_L+j\omega RR_L C}$$

(2) $G(\omega)$ に含まれる変数は分母の ω だけであるから，それが最小値を取るとき $|G(\omega)|$ は最大値をとる．

$$\omega_0 = 0 \text{ rad/s} \qquad |G(\omega)| = \frac{R_L}{R+R_L}$$

12章

問1 R, L, C の直列回路で周波数 ω を変化させるのであるから，直列共振を考えればよい．合成インピーダンスを求める必要はない．最大電流が流れる時はインピーダンス最小，つまり共振しているので

$$f_R = \frac{1}{2\pi\sqrt{LC}} = \frac{1}{2\pi\sqrt{10\times 10^{-3} \times 1\times 10^{-12}}} = 1.59 \text{ MHz}$$

共振点では L, C は短絡されたのと同じ状態であるから存在しないのと等価となるので，インピーダンスは純抵抗として扱えるから

$$I_R = \frac{V}{R} = 10\cos\omega t \text{ [mA]}$$

問2 式（12・25） $C - \dfrac{L}{R^2+\omega^2 L^2} = 0$ より $C = \dfrac{L}{R^2+\omega^2 L^2}$

共振状態にあるとき式（12・24）の虚部は0だから，以上で求めた C を実部に代入して

$$\therefore Y = \frac{CR}{L} \quad \therefore Z = \frac{1}{Y} = \frac{L}{CR}$$

問3 合成アドミタンス Y は

$$Y = \frac{1}{R_C - jX_C} + \frac{1}{R_L - jX_L}$$

$$= \left(\frac{R_C}{R_C^2+X_C^2} + \frac{R_L}{R_L^2+X_L^2}\right) + j\left(\frac{R_C}{R_C^2+X_C^2} - \frac{R_L}{R_L^2+X_L^2}\right)$$

共振状態にあるとき式 (12・24) の虚部は 0 だから，以上で求めた C を実部に代入して

$$\frac{R_C}{R_C^2 + X_C^2} = \frac{R_L}{R_L^2 + X_L^2}$$

これに $X_C = \dfrac{1}{\omega C}$　$X_L = \omega L$ を代入して整理すると

$$\omega L \left(R_C^2 + \frac{1}{\omega^2 C^2} \right) = \frac{1}{\omega C} \left(R_L^2 + \omega^2 L^2 \right)$$

これを ω について解き

$$\omega_R = \frac{1}{\sqrt{LC}} \sqrt{\frac{L/C - R_L^2}{L/C - R_C^2}} \quad \text{ただし } R_L,\ R_C > \sqrt{\frac{L}{C}} \text{ または } R_L,\ R_C < \sqrt{\frac{L}{C}}$$

問 4　$Z = \dfrac{j\omega L_2 \left(j\omega L_1 - j\dfrac{1}{\omega C_1} \right)}{j\omega (L_1 + L_2) - j\dfrac{1}{\omega C_1}} = \dfrac{j\omega L_2 \left(\omega L_1 - \dfrac{1}{\omega C_1} \right)}{\omega L - \dfrac{1}{\omega C_1}}$　ただし $L = L_1 + L_2$

直列共振時はインピーダンス最小だから Z の分子 = 0 より

$$\omega_{SR} = \frac{1}{\sqrt{L_1 C_1}}$$

並列共振時はインピーダンス最大だから Z の分母 = 0 より

$$\omega_{PR} = \frac{1}{\sqrt{L C_1}}$$

問 5　$Z = j\omega L_2 + \dfrac{j\omega L_1 \left(-j\dfrac{1}{\omega C_1} \right)}{j\omega L_1 - j\dfrac{1}{\omega C_1}} = -\dfrac{L_1 L_2 \left(\omega^2 - \dfrac{1}{L C_1} \right)}{j \left(\omega L_1 - \dfrac{1}{\omega C_1} \right)}$　ただし $L = \dfrac{L_1 L_2}{L_1 + L_2}$

直列共振時はインピーダンス最小だから Z の分子 = 0 より

$$\omega_{SR} = \frac{1}{\sqrt{L C_1}}$$

並列共振時はインピーダンス最大だから Z の分母 = 0 より

$$\omega_{PR} = \frac{1}{\sqrt{L_1 C_1}}$$

索　引

▶▶ 英数字 ◀◀

F 行列　　8, 109
F パラメータ　　99, 109

H 行列　　8, 107
H パラメータ　　99, 107

LC 共振回路　　5

Q 値　　132

Y 行列　　8, 104

Z 行列　　8, 101
Z パラメータ　　102
Z マトリクス　　102

▶▶ ア　行 ◀◀

アドミタンス行列　　104

位相特性　　123
一次遅れ特性　　121
一端子対網　　8, 96
インピーダンス行列　　101
インピーダンスパラメータ　　102
インピーダンス変換　　116
インピーダンスマトリクス　　101

オイラーの公式　　60
折れ点周波数　　125

▶▶ カ　行 ◀◀

回路網　　95
重ね合わせ　　122
カスケード接続　　114
過制動　　72
過制動解　　5
過渡現象　　2, 12
過渡現象解　　5
過渡状態　　2
加法定理　　59

共振角周波数　　35
共振現象　　131
共振周波数　　35, 132
共振点　　133
キルヒホッフの法則　　55
駆動点　　96
駆動点アドミタンス　　97
駆動点インピーダンス　　97

ゲイン　　121
ゲイン特性　　123
減　衰　　123
減衰振動　　72
減衰振動解　　5

高域通過フィルタ　　10

▶▶ サ　行 ◀◀

鎖交磁束　　15

索　引

時定数　28
遮断周波数　125
周期関数　90
縦続接続　114
自由度　131
周波数応答　121
縦列パラメータ　99
出力端子　96
受電端　96

推移定理　60

正弦波交流回路　73
制動解　5
積分回路　45

相互インピーダンス　102
送電端　96
増　幅　123

▶ タ　行 ◀

帯　域　135
帯域通過フィルタ　11
単位インパルス関数　86
単位ステップ関数　57

直列共振　133

低域通過フィルタ　8, 10, 97, 121
定常状態　2
デカード　124
デシベル　123
電圧応答　96
電圧伝達関数　87

伝送行列　109
伝送線路　50
伝達インピーダンス　102
伝達関数　87
伝播速度　52
電流応答　96
電流伝達関数　87

等価回路　79
特性インピーダンス　52
特性方程式　34

▶ ナ　行 ◀

二端子回路　8, 96, 98
二端子回路網　8
二端子対網　8
二端子網回路　96
入力端子　96

▶ ハ　行 ◀

ハイブリッド行列　107
ハイブリッドパラメータ　99
バイポーラートランジスタ　99
波動方程式　52
反共振　138
半値幅　136
バンド幅　136
半波整流波　92

ひずみ波交流　119
微分回路　44

フィルタ　119
フィルタ回路　8

159

索　　引

フェーザ　　*120*
ブラックボックス　　*95*
分布定数回路　　*50*

並列共振　　*138*

ボード線図　　*123*

▶▶ ヤ　行 ◀◀

四端子回路　　*8, 99*
四端子回路網　　*8*

▶▶ ラ　行 ◀◀

ラプラス演算子　　*55*
ラプラス逆変換　　*6, 55, 61*
ラプラス変換　　*6, 55*
ランプ関数　　*65*

臨界制動　　*72*
臨界制動解　　*5*

濾波器　　*119*
ロゴスキーコイル　　*46*

〈編者・著者略歴〉

佐藤　義久（さとう　よしひさ）
1998 年　東京工業大学大学院工学研究科創造エネルギー専攻博士課程修了
1998 年　博士（工学）
現　在　福島大学共生システム理工学類特任教授

石井　　清（いしい　きよし）
1986 年　信州大学大学院工学研究科電気工学専攻修士課程修了
2001 年　博士（工学）
現　在　中部大学工学部電子情報工学科教授

村瀬　　洋（むらせ　ひろし）
1980 年　東京工業大学大学院工学研究科電気工学専攻博士課程修了
1980 年　工学博士
現　在　愛知工業大学工学部電気学科教授

内藤　治夫（ないとう　はるお）
1980 年　東京大学大学院工学研究科電気工学専門課程　博士課程修了
1980 年　工学博士
現　在　岐阜大学工学部人間情報システム工学科教授

- 本書の内容に関する質問は、オーム社ホームページの「サポート」から、「お問合せ」の「書籍に関するお問合せ」をご参照いただくか、または書状にてオーム社編集局宛にお願いします。お受けできる質問は本書で紹介した内容に限らせていただきます。なお、電話での質問にはお答えできませんので、あらかじめご了承ください。
- 万一、落丁・乱丁の場合は、送料当社負担でお取替えいたします。当社販売課宛にお送りください。
- 本書の一部の複写複製を希望される場合は、本書扉裏を参照してください。

JCOPY ＜出版者著作権管理機構　委託出版物＞

新インターユニバーシティ
電 気 回 路 Ⅱ

2010 年 8 月 25 日　第 1 版第 1 刷発行
2024 年 9 月 20 日　第 1 版第 9 刷発行

編 著 者　佐藤義久
発 行 者　村上和夫
発 行 所　株式会社オーム社
　　　　　郵便番号　101-8460
　　　　　東京都千代田区神田錦町 3-1
　　　　　電話　03(3233)0641（代表）
　　　　　URL　https://www.ohmsha.co.jp/

© 佐藤義久 2010

組版　新生社　印刷　広済堂ネクスト　製本　協栄製本
ISBN978-4-274-20903-1　Printed in Japan

新インターユニバーシティシリーズ のご紹介

- 全体を「共通基礎」「電気エネルギー」「電子・デバイス」「通信・信号処理」「計測・制御」「情報・メディア」の6部門で構成
- 現在のカリキュラムを総合的に精査して，セメスタ制に最適な書目構成をとり，どの巻も各章1講義，全体を半期2単位の講義で終えられるよう内容を構成
- 現在の学生のレベルに合わせて，前提とする知識を並行授業科目や高校での履修課目にてらしたもの
- 実際の講義では担当教員が内容を補足しながら教えることを前提として，簡潔な表現のテキスト，わかりやすく工夫された図表でまとめたコンパクトな紙面
- 研究・教育に実績のある，経験豊かな大学教授陣による編集・執筆

電子回路
岩田 聡 編著 ■A5判・168頁

【主要目次】 電子回路の学び方／信号とデバイス／回路の働き／等価回路の考え方／小信号を増幅する／組み合わせて使う／差動信号を増幅する／電力増幅回路／負帰還増幅回路／発振回路／オペアンプ／オペアンプの実際／MOSアナログ回路

ディジタル回路
田所 嘉昭 編著 ■A5判・180頁

【主要目次】 ディジタル回路の学び方／ディジタル回路に使われる素子の働き／スイッチングする回路の性能／基本論理ゲート回路／組合せ論理回路（基礎／設計）／順序論理回路／演算回路／メモリとプログラマブルデバイス／A-D，D-A変換回路／回路設計とシミュレーション

電気・電子計測
田所 嘉昭 編著 ■A5判・168頁

【主要目次】 電気・電子計測の学び方／計測の基礎／電気計測（直流／交流）／センサの基礎を学ぼう／センサによる物理量の計測／計測値の変換／ディジタル計測制御システムの基礎／ディジタル計測制御システムの応用／電子計測器／測定値の伝送／光計測とその応用

システムと制御
早川 義一 編著 ■A5判・192頁

【主要目次】 システム制御の学び方／動的システムと状態方程式／動的システムと伝達関数／システムの周波数特性／フィードバック制御系とブロック線図／フィードバック制御系の安定解析／フィードバック制御系の過渡特性と定常特性／制御対象の同定／伝達関数を用いた制御系設計／時間領域での制御系の解析・設計／非線形システムとファジィ・ニューロ制御／制御応用例

パワーエレクトロニクス
堀 孝正 編著 ■A5判・170頁

【主要目次】 パワーエレクトロニクスの学び方／電力変換の基本回路とその応用例／電力変換回路で発生するひずみ波形の電圧，電流，電力の取扱い方／パワー半導体デバイスの基本特性／電力の変換と制御／サイリスタコンバータの原理と特性／DC-DCコンバータの原理と特性／インバータの原理と特性

電気エネルギー概論
依田 正之 編著 ■A5判・200頁

【主要目次】 電気エネルギー概論の学び方／限りあるエネルギー資源／エネルギーと環境／発電のしくみ／熱力学と火力発電のしくみ／核エネルギーの利用／力学的エネルギーと水力発電のしくみ／化学エネルギーから電気エネルギーへの変換／光から電気エネルギーへの変換／熱エネルギーから電気エネルギーへの変換／再生可能エネルギーを用いた種々の発電システム／電気エネルギーの伝送／電気エネルギーの貯蔵

電力システム工学
大久保 仁 編著 ■A5判・208頁

【主要目次】 電力システム工学の学び方／電力システムの構成／送電・変電機器，設備の概要／送電線路の電気特性と送電容量／有効電力と無効電力の送電特性／電力システムの運用と制御／電力系統の安定性／電力システムの故障計算／過電圧とその保護・協調／電力システムにおける開閉現象／配電システム／直流送電／環境にやさしい新しい電力ネットワーク

メディア情報処理
末永 康仁 編著 ■A5判・176頁

【主要目次】 メディア情報処理の学び方／音声の基礎／音声の分析／音声の合成／音声認識の基礎／連続音声の認識／音声認識の応用／画像の入力と表現／画像処理の形態／2値画像処理／画像の認識／画像の生成／画像応用システム

もっと詳しい情報をお届けできます。
○書店に商品がない場合または直接ご注文の場合は，右記宛にご連絡ください。

ホームページ　http://www.ohmsha.co.jp/
TEL／FAX　TEL.03-3233-0643　FAX.03-3233-3440

F-0812-105

新インターユニバーシティシリーズ「電気回路」3巻の構成

電気回路基礎

1章	直流回路の考え方
2章	オームの法則
3章	直並列接続
4章	キルヒホッフの法則
5章	回路方程式の立て方と解き方
6章	直流回路の諸定理（1）
7章	直流回路の諸定理（2）
8章	交流回路とは
9章	交流の複素数表示
10章	交流のフェーザ表示と複素インピーダンス
11章	交流回路の位相とフィルタ
12章	交流回路の電力と諸法則

電気回路Ⅰ

1章	直流抵抗とオームの法則
2章	直流抵抗回路
3章	正弦波交流と電気回路素子
4章	正弦波交流の三角波表現と複素数表示
5章	交流回路でのオームの法則
6章	電気回路を解くために役立つ考え方（キルヒホッフの法則）
7章	回路を解くために役に立つ定理
8章	回路を解くために役に立つ考え方
9章	相互誘導回路
10章	正弦波交流の電力と力率
11章	対称三相交流回路
12章	ひずみ波交流

電気回路Ⅱ

1章	電気回路の過渡現象と考え方
2章	RL回路/RC回路の過渡現象と解き方
3章	LC回路/RLC回路の過渡現象と解き方
4章	過渡現象の応用
5章	ラプラス変換とは
6章	ラプラス変換による過渡現象の解き方
7章	ラプラス領域の等価回路表現と使い方
8章	単位ステップ関数，単位インパルス関数のラプラス変換とその応用
9章	回路網の性質と表現方法
10章	二端子対回路（四端子回路）
11章	フィルタ回路
12章	共振回路